Oliver Tissot

Warum Chefs immer recht haben
und Mitarbeiter nicht mitdenken sollten
oder
warum Chefs nicht immer recht haben
und Mitarbeiter immer mitdenken sollten

Oliver Tissot

Warum Chefs ...

Über Wert und Schätzung

Econ

Wir verpflichten uns zu Nachhaltigkeit
- Klimaneutrales Produkt
- Papiere aus nachhaltiger
  Waldwirtschaft und anderen
  kontrollierten Quellen
- ullstein.de/nachhaltigkeit

MIX
Papier | Fördert
gute Waldnutzung
FSC® C083411

Econ ist ein Verlag
der Ullstein Buchverlage GmbH
ISBN 978-3-430-21099-7
© Ullstein Buchverlage GmbH, Berlin 2023
Alle Rechte vorbehalten
Umschlaggestaltung: total italic, Thierry Wijnberg
Sämtliche Abbildungen: © Dirk Meissner 2023
Redaktion: Gerd König, Berlin
Gesetzt aus der Caecilia Com und der Felt Tip Senior
Satz und Repro: LVD GmbH, Berlin
Druck und Bindearbeiten: CPI books GmbH, Leck

Inhaltsverzeichnis

Ein-Schätzung: „Die Arbeit ist etwas Unnatürliches." (Anatole France)

Ein anständiges Business-Buch beginnt mit einem schlauen Zitat. Warum also nicht auch ein unanständiges? Sei es der Chef bei der Mitarbeiterversammlung, die Managerin bei der Produktpräsentation, der Mitarbeiter in der Teamsitzung oder die Jubilarin bei ihren ersehnten letzten Worten: Jede im Berufsleben stehende Person zitiert, wenn den Mund zu öffnen sich nicht vermeiden lässt, gern Aphorismen, um sich und ihre Worte in gedankliche Nähe kluger Köpfe zu bringen. Wirkungsvoll ist das natürlich nur, wenn man auch im Publikum den Zitierten kennt. Aber wer, bitte schön, ist der Schöpfer obigen Zitats, also Anatole France? Ein Franzose oder Anatole? War Anatole nicht eine griechische Göttin?

Man sieht: Papier ist geduldig und das Publikum vergesslich. Keiner kennt mehr Anatole France, obwohl er zu Lebzeiten Berühmtheit erlangte. Immerhin hat er 1921 den Literaturnobelpreis bekommen, und sein Gesamtwerk wurde vom Vatikan auf die Liste der verbotenen Bücher gesetzt. Der Mann muss also die Wahrheit gesagt haben. Hatte er aber recht mit der Behauptung, es widerstrebe der Natur des Menschen, zielgerichtete Aufgaben auszuführen und etwas Vernünftiges zu schaffen? Wenn man dieses Buch zu Ende gelesen hat, wird man den Eindruck gewinnen können, dass dem so sei.

Ist Arbeit unnatürlich? Schlimmer noch: Geht es oftmals gar nicht darum, ob etwas unserer Natur entspricht, sondern vielmehr darum, wer recht hat? Natürlich geht es bei der Arbeit darum, wer recht hat. Vor allem in Deutschland. Rechthaberei-Fachmann Prof. Hans Ulrich Gumbrecht, ein renommierter deutsch-amerikanischer Publizist, meinte in einem Interview mit der *Welt*: »Es gibt eine Unfähigkeit, sich vorzustellen, dass man irgendetwas aus einer anderen Perspektive sieht, weil Positionen im Deutschen immer Positionen substanzieller Wahrheit sind. Was fehlt, sind die Fähigkeit und die Bereitschaft, zu sehen, dass es Menschen gibt, die bestimmte Dinge anders sehen als man selbst.« Pointierter: »Die Deutschen nerven mit ihrer Rechthaberei.«

Machen wir uns also an die Arbeit, nachzuschauen, wer jetzt recht hat. So leicht lässt sich das beim Thema Arbeit übrigens gar nicht feststellen. Es ist viel komplizierter, komplexer, konfuser und komischer, als sich das ein Nobelpreisträger mit einem albernen Aphorismus oder ein Publizist mit einer provokanten Phrase auszumalen vermag. Die Wirtschaft hat, gerade bei uns in Deutschland, ja ganz andere Probleme als die Durchdringung der Frage nach Wissen, Wahrheit oder Widernatürlichkeit: Das Wachstum dümpelt, die Digitalisierung schreit nach radikalen Veränderungen, der Fachkräftemangel bremst Expansionspotenziale aus, dringende Infrastrukturmaßnahmen werden verbummelt. Und als ob das alles noch nicht existenziell genug wäre, erdrücken in einer ruinösen Krisenkaskade Klimawandel, Corona, Krieg und Knappheit an Energie und Ressourcen alles, was nicht vorher schon in die Mangel genommen worden ist.

Wir Deutschen verharren blöderweise stets in dem Dilemma, dass bürokratische Schwerfälligkeit auf der einen

Seite und politische Dumpfbackigkeit auf der anderen so gut wie jeden Anflug von kreativer Krisenbewältigung und mutiger Aufbruchstimmung lähmen. Das alles ist nicht nur nichts Unnatürliches im Wirtschaftsleben, sondern liegt in der Natur der Sache – zumindest wenn man die darüber reden hört, die tagtäglich zur Arbeit gehen. Mit dem brachialen Brexit und angedrohten weiteren nationalen Rückzügen innerhalb der EU-Gemeinschaft, zunehmend protektionistischen Tendenzen und zoll-kühnen Alleingängen bekommen wir zu allem Überfluss obendrein eine völlig unnötige Konjunkturdelle zu spüren. Als wäre das nicht genug, wollen sich zur Unzeit neue Player alte Pfründe sichern, sorgen Disruptionen für Irritationen und Plattformen im Internet machen formidable Industriezweige platt. Schließlich ist zu befürchten, dass für eminente CO_2-Emittenten der Ofen sowieso bald aus ist.

Man sollte meinen, dass in Wirtschaftsunternehmen, die den Ernst dieser Lage erkannt haben, alle an einem Strang ziehen, bevor ihnen andere einen Strick daraus drehen. Stattdessen wird zusätzlich Energie für fragwürdige Fusionen, kindische Machtkämpfe und absurde Prestigeprojekte verschwendet – oder man verquasselt weiterhin unnötig viel Zeit in noch mehr Meetings, statt einfach mal was zu machen. Alle sollten zur Abwechslung auf ein Kommando hören. Aber auf wessen? Das des Chefs oder das der Mitarbeitenden?

Halt! Manche Manager würden hier schon einwenden, dass ich alles in einen Topf werfe und Äpfel mit Birnen vergleiche. Ja, mag sein, aber es sollte bei unternehmerischen Anstrengungen schließlich ums Kerngeschäft gehen. Kerne aber, und das weiß nun wirklich jeder, der sich durchbeißt, sind unverdaulich und werden ausgeschieden. »Freisetzen«

heißt das dann meist in der Sprache des Human Resource Managements.

Wie kommt man gedanklich vom Apfelkern zum Arbeitsplatz, fragen Sie sich jetzt? Damit wären wir beim Thema dieses Buches angekommen, nämlich der Tatsache, dass sich irgendwie jeder veräppelt fühlt. So zweifelt laut Umfragen mehr als jeder zweite Arbeitnehmer an den Fähigkeiten seines Chefs. Selbige halten sich wiederum zu beinahe hundert Prozent für richtig gute Führungskräfte. Wie sehr Wunsch und Wirklichkeit, Fantasie und Fakten auseinanderklaffen, habe ich hier anhand von aberwitzigen und absurden, abenteuerlichen und absonderlichen, amüsanten und aufregenden Fallbeispielen aus der Welt der Arbeit zusammengetragen.

Ertragen habe ich all das allerdings nicht als Mitarbeiter oder Manager, sondern aus erster Hand erzählt bekommen oder mit eigenen Augen erlebt. Seit Jahren trete ich als Kabarettist und moderner Hofnarr für Firmen und Organisationen auf. Unter dem Stichwort »Business-Comedy« habe ich in den letzten zwanzig Jahren über 3000 Auftritte absolviert – bei Konzernen, Mittelständlern und Kleinbetrieben genauso wie auf Wirtschaftsforen, Symposien und Kongressen. Darunter waren auch exotische Engagements in Benediktinerklöstern, bei Millionärsclubs oder in Europas größtem Puff (für eine steife Gesellschaft von Geschäftsfreunden anlässlich eines Jubiläums).

Als besonders interessant erweisen sich immer wieder Auftritte unter Ausschluss der Öffentlichkeit. Bei betriebsinternen Veranstaltungen erfährt man Dinge, die man nicht für möglich hält. Was wirklich im Firmenalltag passiert, ist aufschlussreicher als tausend Worte aus Presse- und Geschäftsberichten, Bilanzen oder Imagebroschüren. Die

Wahrheit erfährt man nicht aus den wohlklingenden, hohlen Phrasen über Kunden-, Qualitäts- und Innovationsorientierung, die von Werbetextern zu austauschbaren Sentenzen zusammengeschustert werden. Man erfährt sie aus den originellen, originären und auch ordinären Anekdoten, Bonmots und Kalauern, die in Vorbesprechungen für Auftritte ausgeplaudert werden oder die man bei Firmenveranstaltungen selbst erlebt.

Auf den nachfolgenden Seiten werde ich aus meinem reichhaltigen Schatz an Unerhörtem und Unglaublichem erzählen. Das Geschilderte entspringt also nicht meiner Fantasie, auch wenn der Verdacht die geneigten Lesenden immer wieder beschleichen mag. Es handelt sich durch die (Werk-)Bank um reale Begebenheiten aus deutschen Unternehmen.

Aufgrund meiner humoristischen Rolle habe ich sicher eine Außenseiterperspektive auf vieles, was ich erlebe und hier wiedergebe. Daher mag sich für manche die Frage stellen, ob ich als externer Lachverständiger überhaupt in der Lage bin, Beobachtetes in seiner wahren Bedeutung und Tragweite richtig reflektieren und entscheiden zu können, ob nun Chefs oder Untergebene recht haben. Nun, ich bin ein- und ausgebildeter promovierter Geisteswissenschaftler. In dieser Eigenschaft verweise ich gerne auf den Oxford-Gelehrten Mark Forsyth, der in der Einleitung zu einem Fachbuch gestanden hat, dass er überhaupt nicht wisse, worum es sich beim Thema seines Buches eigentlich dreht: »Wenn sich Autoren durch Kleinigkeiten wie etwa Unkenntnis vom Schreiben abhalten lassen würden, wären die Buchhandlungen leer. Ich würde aber sagen, dass ich zumindest grob weiß, worum es geht.« Dieser Haltung und Einstellung möchte ich mich mit diesem Machwerk anschließen. Besagtes Buch von Forsyth heißt übrigens *Eine kurze Geschichte der Trunkenheit*. Womit bewiesen wäre, dass man nichts geleert haben muss, um sich als Gelehrter an einem Thema berauschen zu können.

Mit ähnlich beschwingter Fahne halte ich die Feder hoch – halt, umgekehrt! –: Mit beschwingter Feder halte ich die Fahne hoch, und behaupte, dass meine Methode der teilnehmenden Beobachtung, wie sie die Feldforschung im Übrigen seit etwa hundert Jahren in den Sozialwissenschaften praktiziert, auch hier relevante Ergebnisse hervorgebracht hat. Mit hermeneutischer und humoristischer Herangehensweise hinterfrage ich, was Angestellte so anstellen, um umsetzen zu können, was Vorgesetzte ihnen vorgesetzt haben. Typische Top-Tagungsthemen werden dabei genauso genüsslich zitiert wie flaue Floskeln aus versemmelten Versammlungen. Ob Vorstandsdramen um Vorzimmerdamen oder Ausschüsse (kompetente Köpfe) und Ausschuss (komplett Kaputtes), hier kommt alles auf den Tisch: Didaktisch, fak-tisch, kri-tisch und manchmal auch idio-tisch! Um Struktur in die Unmenge an Unglaublichem zu bringen, habe ich meine Beobachtungen in drei Hauptteile untergliedert, damit der Schinken verdaulich wird. Apropos Schinken: Es war Francis Bacon, englischer Philosoph des 16. Jahrhunderts und Wegbereiter des Empirismus, auf den das geflügelte Wort zurückgeht: »Wissen ist Macht.« Macht nix, wenn Sie's nicht wussten. Bacon war jedenfalls der Meinung, es gäbe »Menschen, die an Unklarheiten ihr Gefallen haben und es als lästig empfinden, wenn sie sich auf eine Begriffserklärung festlegen sollen«. Um alle Klarheiten zu beseitigen, wählte ich deshalb wissentlich Überschriften für meine übergeordneten Teile, die nicht wirklich weiterhelfen, Verwirrungen zu entwirren, aber die aufzeigen, worum es in der Wirtschaft geht und gehen sollte, nämlich: Wertschätzung, Werte, Schätzungen – und eine abschließende Scherzwertung.

Ich hoffe, das macht Sie jetzt schon mächtig neugierig – oder versetzt Sie mindestens in das Sentiment, das Francis Bacon meinte, als er mutmaßte: »Nichts macht den Menschen argwöhnischer, als wenig zu wissen.«

Wenn alle ihr Fett wegkriegen, tritt auch der Humorist ins Fettnäpfchen. Es geht um die richtigen Endungen, also die Pflicht und Kür, geschlechtergerecht Frauen, Männer und Diverse gleichermaßen anzusprechen. Wohl nicht grundlos endet Endung auf Dung. Es dünkt mir, dass man dabei viel Mist machen kann. Es unversucht zu lassen, macht es nicht besser, eher schlechter. Vielleicht heißt es deshalb ja Geschlechter. In der Wirtschaftswelt geht es ungerecht zu, wie dieses Buch zeigen wird. Der Anteil an Frauen in den Vorständen der DAX-Konzerne liegt bei lächerlichen 14 Prozent. In den unteren Etagen ist es nicht sehr viel besser. Nur knapp jede dritte Führungskraft ist weiblich. Deswegen möchte ich vor allem auf den verantwortlichen Alphamännern in der Hackordnung herumhacken und sie explizit nennen – weswegen ich oft die männliche Endung verwende, um den Sündenbock ins Visier nehmen und das Testosteron im Unterton deutlich machen zu können.

PS: Sollte ich Sie mit dem Geisteswissenschaftler-Geschwafel verschreckt haben, keine Sorge: Ich quäle Sie nicht mit Quellen, obwohl ich des Öfteren, wenn ich Gehörtes nicht glauben konnte, auch mal nachgeschlagen habe, um schlagende Beweise in den Händen zu halten, bevor ich die Hände über dem Kopf zusammengeschlagen habe. Es kommen also durchaus immer wieder mal aktuelle Zahlen vor, und bei der einen oder anderen Story wird es Ihnen die Schuhe ausziehen. Da braucht's nicht noch eine Fußnote. Die Note, die Füße verströmen, ist ja meist nicht sehr dufte. Wollen Sie dennoch mehr wissen, schreiben Sie mir. Oder dem Verlag! Die verlegen viel, und was mal verlegt ist, findet keiner mehr so leicht. Ich hoffe, Sie finden es trotzdem gut.

I. WERTSCHÄTZUNG

Je härter Sie arbeiten, umso schneller vergeht die Zeit. Reicht Ihnen das als Motivation?

Wertschätzung!
Ein Roundtable-Gespräch

Gut ist, wenn man Einblick in Zusammenhänge gewinnt dank des Durchblicks anderer. Dafür werden gern Interviews geführt. Wörtlich übersetzt heißt das »Zwischenblick«, womöglich ein Blick zwischen die Zeilen. Das ist zumindest nie verkehrt. Beherzigt man dabei, dass ein Bonmot mehr sagt als tausend wortreiche Erklärungen, versteht sich von selbst, warum ich zum Zwecke dieser Ausführungen nicht Gespräche geführt habe, sondern zu klugen Aphorismen und bestehenden Originalzitaten, die es schon gab, nachträglich Fragen hinzugedichtet habe, um so verdichtet ein ideales Interview zum Thema Wertschätzung zusammenstellen zu können. Woher bekäme man sonst schließlich genau die Antworten, die man haben will?

Frage: *Einer Headline der Fachzeitschrift Landwirt Bio habe ich kürzlich entnommen, worunter das ganze System leidet: »Es mangelt an Wertschätzung!« Müsste man da nicht mehr tun?* **Steve Jobs:** *»Ich bin genauso stolz auf das, was wir nicht tun, wie auf das, was wir tun.«*

Frage: *Aber wäre es nicht wichtig, seinem Gegenüber Dankbarkeit zu zollen, zumindest seinen Kunden? Immerhin verdient man mit denen das ganze Geld. Sollten nicht wenigstens die zufrieden sein?*

Bill Gates: »*Deine unzufriedensten Kunden sind deine größte Lernquelle.*«

Frage: *Gut, aber eine Befragung in Deutschland ergab, dass auch die Mitarbeiter unzufrieden sind. 55 Prozent haben schon Geringschätzung am Arbeitsplatz erfahren. Müsste sich da nicht gehörig was verändern?*
Mahatma Gandhi: »*Sei selbst die Veränderung, die du dir wünschst für diese Welt.*«

Frage: *Ja ja, aber ich erreiche doch nicht mehr Wertschätzung, wenn ich zuerst meinen Chef dafür geringschätze, dass er zu wenig wertschätzt. Wenn ich ihm das auch noch sage, verbrenne ich mir doch nur die eigenen Finger.*
Augustinus: »*Nur wer selbst brennt, kann ein Feuer in anderen entfachen.*«

Unterlassene Lobesleistung

Die Aussage vieler Arbeitnehmer, dass ihr Chef sie krank mache, wird bestätigt durch den Fehlzeiten-Report vom Wissenschaftlichen Institut der AOK, der jährlich veröffentlicht wird. Vorneweg und rundheraus: Mitarbeiter stehen drauf, wenn man hinter ihnen steht und noch mehr, wenn manchmal der Vorgesetzte vor ihnen steht und sie lobt. Mehr als zwei Drittel aller Befragten finden Loyalität (78 Prozent) und Lob (69 Prozent) richtig wichtig. Jedoch erlebt nur die Hälfte derselben selbiges, nämlich Zusammenhalt und Zuspruch. Die anderen fünfzig Prozent beklagen Duckmäusertum und Desinteresse.

In der Differenz von Wunsch und Wirklichkeit liegt das

Dilemma. Wo wenig Respekt gezollt wird, müssen mehr Rezepte geschrieben werden; wo kein gesunder Menschenverstand herrscht, wird man krank. Je weniger der Rücken gestärkt wird, umso mehr schmerzt er. Wenn Angestellte in einem Unternehmen mit einer guten Unternehmenskultur rechnen dürfen und sich dann noch Loyalität und Lob dazu addieren lassen, kann man eine einfache Rechnung aufmachen: Die Rate physischer und psychischer Beschwerden im Beruf reduziert sich um die Hälfte. Bei schlechten Unternehmenskulturen hingegen fühlen sich zwei Drittel aller Befragten auch gesundheitlich schlecht – übrigens zu gleichen Teilen aufgrund physischer und psychischer Beschwerden. Verrückt, was?

Unverrückt ist dennoch bei vielen Vorgesetzten die Vorstellung, dass Lob schädlich für die Arbeitsmoral sei. »Nicht getadelt ist genug gelobt.« Lob könnte ja zur Selbstüberschätzung des Gelobten führen. Dann begehrt der womöglich auf oder will mehr. Blöd nur, dass sich der Nichtgelobte, bevor er überhaupt auf den Gedanken käme, sich nach der Decke zu strecken, lieber unter der Bettdecke verkriecht. Fast jeder Dritte hat in schlecht bewerteten Unternehmen mehr als zwei Wochen im Betrieb gefehlt, bei den guten war es nur jeder Sechste. Halb so wild also? Nee, halb so krank! Einziger Trost für die Lobverweigerer und Betriebsdiktatoren unter den Chefs: Beschäftigte in mies bewerteten Unternehmen gehen häufiger auch krank zur Maloche, selbst wenn ihnen der Arzt davon abrät. Fiese Chefs mag das anstacheln: Zusammenscheißen kann auch zusammenschweißen.

Insgesamt gesehen steigt die Fehlzeitenrate übrigens von Jahr zu Jahr leicht an. Das lässt die Hypothese zu, dass immer weniger gelobt wird, was wiederum die Mitarbeiter immer mehr kränkt und kranker macht.

21

Auch wenn vielen Führungskräften die Zeit fehlen dürfte, Studien zur Mitarbeitergesundheit anzustellen oder wenigstens zu überfliegen, sollte Sie folgender Gesundheitsgrundsatz beflügeln: Es lohnt sich immer, drauflos zu loben. Rechnen Sie im gegenteiligen Fall mit dem Schlimmsten: Die krankheitsbedingten Kosten pro Arbeitnehmer liegen laut einer Studie von Booz & Company bei circa 3600 Euro pro Jahr. Die Studie liegt leider ein paar Jahre zurück. Vielleicht hatte aufgrund von Krankheitsausfällen seitdem keiner mehr Zeit, eine neue zu machen. Es dürfte aber wohl nicht bei den 3600 Euro geblieben sein. Das summiert sich in Deutschland zu volkswirtschaftlichen Kosten durch Produktivitätsausfälle in Höhe von mindestens 225 Milliarden Euro auf. Sollten Sie also im Kalkül gehabt haben, dass ein paar Krankentage schon nicht ins Gewicht fallen, haben Sie sich verkalkuliert. Klopfen Sie lieber Schultern statt Sprüche und zollen Sie stets höchste Anerkennung. Das kostet Sie gar nichts, außer einem müden Lächeln vielleicht.

Dumm führt gut?

Kennen Sie Vorgesetzte, die sich aufplustern, ohne eine Ahnung zu haben, worum es eigentlich geht? Die herumtoben, nur um Macht zu demonstrieren, statt konstruktive Beiträge zu komplizierten Prozessen zu liefern?

Manchmal erinnern mächtige Firmenlenker an tumbe Trampel, wenn sie gepflegte Umgangsformen über den Haufen werfen und sich dabei auch noch so fühlen, als wären sie die besten Anführer, die man je gesehen hat. Direktoren-Dickschädel führen sich oft auf wie die sprichwörtlichen Elefanten im Porzellanladen und wähnen sich als geniale Dealmaker, wenn sie ganz undiplomatisch und unempathisch so reden, wie ihnen der Schnabel gewachsen ist: laut, polternd, fordernd.

Betrachten wir es positiv: Vielleicht sind viele Chefs auch einfach nur ignorant und inkompetent. Sagen Sie das Ihrem Chef aber nie direkt ins Gesicht! Nicht, weil Sie damit Gefahr liefen, Ihre Karriere aufs Spiel zu setzen, sondern weil es schlicht nichts bringt. Ihr Chef würde in seiner Selbstverliebtheit Ihr kritisches Urteil ihm gegenüber nämlich lediglich als unqualifiziert und somit als völlig irrelevant abtun. Diese ernüchternde Erkenntnis nennt man übrigens den Dunning-Kruger-Effekt. Die Sozialpsychologen David Dunning und Justin Kruger haben herausgefunden, dass Unwissenheit uns oft zu höherer Entscheidungssicherheit verleitet als Fachwissen – egal, ob es ums Autofahren, Schachspielen oder darum geht, ob man den Inhalt eines Textes kapiert, den man gerade gelesen hat. Verstanden? Egal. Die beiden haben sich zu diesem Thema viele Studien vorgeknöpft und schließlich eigene Experimente durchgeführt, bis sie zu dem Resultat kamen, dass Leute, die nichts auf der Pfanne haben, trotzdem finden, dass sie es prima gebacken kriegen. Wissenschaftlich ausgedrückt bedeutet das, dass weniger kompetente Menschen eigene Fähigkeiten über- sowie überragende Fähigkeiten anderer unterschätzen und das Ausmaß ihrer Inkompetenz dabei nicht einmal erkennen. Schlimmer noch: Dunning und Kruger konnten eine traurige Korrelation zwischen kleinem Output und großem Ego feststellen: Je schwächer die Leistung, umso größer die Selbstüberschätzung. Was irgendwie logisch klingt, da man ja kompetent sein müsste, um zu erkennen, dass man inkompetent ist. Zu dumm, dass Dumme das nicht schnallen!

24

Für diese bahnbrechende Erkenntnis erhielten Dunning und Kruger übrigens im Jahre 2000 den Ig-Nobelpreis im Bereich Psychologie. Der Ig-Nobelpreis ist eine Art Anti-Nobelpreis, wie das Wortspiel Nobel und ignoble, also dem englischen Wort für »unwürdig«, schon vermuten lässt. Hier werden wissenschaftliche Leistungen ausgezeichnet, die einen erst zum Lachen und schließlich zum Grübeln bringen sollen.

Wenn es der Dunning-Kruger-Effekt nur zu einem unwürdigen Antipreis gebracht hat, werden Vorgesetzte, die davon hören, davon ausgehen, dass er hypothetischer Blödsinn sei und auf die eigene Person sowieso niemals zutreffen könne. Man wäre schließlich in der Firmenhierarchie nie so weit gekommen, wenn man nichts auf dem Kasten hätte. Doch auch hier kann man mit einer wissenschaftlichen Arbeit kontern: dem »Peter-Prinzip«, benannt nach dem Lehrer, Erziehungsberater, Schulpsychologen, Gefängnislehrer und Universitätsprofessor Laurence J. Peter. Er stellte die These auf, dass in einer Hierarchie jeder so lange aufsteigt oder befördert wird, bis er eine Stufe erreicht, auf der er zu allem unfähig ist, was in dieser Hierarchiestufe verlangt wird. Dieses Prinzip, erstmals publiziert im Jahre 1969, zählt heute unwidersprochen zu den Klassikern der nordamerikanischen Managementliteratur. Die Aussagekraft anerkennender Rezensionen wird allerdings dadurch entkräftet, dass unter den positiven Kritiken viele von Chefredakteuren namhafter Wirtschaftsmagazine stammen – also Journalisten, die dank ihrer Karriere und ihres Aufstiegs innerhalb ihrer Redaktionen als völlig inkompetent gelten müssen.

Die griffige Formel zu diesem Prinzip lautet, dass nach einer gewissen Zeit jede Position im Unternehmen von jemandem besetzt ist, der nicht kompetent genug ist, die

Aufgaben, die mit diesem Job verbunden sind, zu erfüllen. Die persönliche Endstufe der Karriereleiter ist zugleich Maßstab für die maximale Unfähigkeit innerhalb der Hierarchie.

Das kann an einem Beispiel illustriert werden: Ein überragend erfolgreicher Außendienstmitarbeiter wird zum Vertriebsleiter befördert, da er seine Ziele zur Freude seiner Vorgesetzten immer spielend leicht erfüllt hat. Statt zu führen, verhält er sich aber gegenüber den jetzt untergebenen Kollegen nach bewährtem Muster wie gegenüber seinen ehemaligen Kunden, was weder angemessen noch zielführend ist. Wahrscheinlich ist er mit strategischen und administratorischen Aufgaben heillos überfordert und sein glückliches Händchen im Kundengespräch und Verkaufsabschluss nutzt ihm erst einmal gar nichts. Aufgrund des erreichten Grades maximaler Inkompetenz bekommt er auch gar nicht mit, an welchen Führungsqualitäten es ihm mangelt, geschweige denn hat er eine Vorstellung davon, wie man es besser machen könnte. Er glaubt ja, die Position deshalb bekommen zu haben, weil jemand in ihm Kompetenzen erkannt hat, die man für diesen Job braucht.

Mal ehrlich: So würde es doch jedem von uns gehen, der befördert wird! Wir glauben, nicht nur die Verdienste der Vergangenheit, sondern unsere generellen Fähigkeiten seien Grund dafür, dass die Wahl auf die eigene Person fällt. Denkste! Die meisten Chefinnen und Chefs werden deshalb wohl nie kapieren, dass sie auf dem falschen Stuhl sitzen beziehungsweise Früchte ernten, die sie weder gesät noch verdient haben. Aber so war es wohl schon immer: Das Volumen der *solanum tuberosum* steht in reziproker Korrelation zum Intellekt des Agronomen, sprich: Der dümmste Bauer hat die größten Kartoffeln.

Warum der Führungsstil keine Stilfrage sein sollte

Im Laufe der Jahre bin ich unterschiedlichen Führungskräften begegnet, cholerischen Charismatikern genauso wie unkomplizierten Kumpeltypen, Despoten und Demokraten, knüppelharten Kämpfernaturen und windelweichen Warmduschern. Manchmal hatte ich den Verdacht, dass einige für den Job ein Pokerface aufsetzten oder wie Schauspieler eine Rolle einnahmen, um der geforderten Führungsaufgabe gerecht zu werden. Manchmal wirkte es sogar so, als würden Manager eine Rüstung tragen, um so Entrüstungen der anderen an sich abprallen lassen zu können. Gerade bei Entlassungen, Stilllegungen, Betriebsverlagerungen oder Einschnitten, die den Arbeitnehmern nicht nur finanziell wehtaten, wurde mechanisch eine Rolle gespielt, wenn es keine Rolle mehr spielte, was die Mitarbeiter darüber denken. Klar, dass man sich einen Panzer zulegt, wenn absehbar ist, dass auf einen eingeprügelt wird und die Stimmung im Laden unterirdisch schlecht ist. Wozu dann noch Empathie zeigen, wenn man der Böse ist, der die Verschlechterungen vorantreibt? Wie kann man in solchen Situationen richtig führen? Führungskräfte führen immer – etwas im Schilde, gelegentlich andere vor, manchmal auch ins Verderben.

Führen kann man in unterschiedlichen Stilen. Beispielsweise, indem man die Untergebenen umgarnt; dann verführt man. Man kann sie auch zwingen, in eine Richtung zu gehen, die sie ohne Druck niemals eingeschlagen hätten; in diesem Fall ent-führt man quasi. Oder man sorgt einfach dafür, dass dabei schneller etwas hinten rauskommt; dann führt man ab. Was hinten dabei herauskommt, ist schließlich entscheidend – das Wie dabei oft genug reichlich egal.

Bei einer Befragung der Ruhr-Universität Bochum unter 4000 Arbeitnehmern kam heraus, dass sich 56 Prozent der bundesrepublikanischen Beschäftigten negativ über ihre Vorgesetzten äußern. Der springende Punkt dabei ist, dass Führungskräfte oft gar nicht punkten wollen bei ihren Untergebenen, sprich: dass es ihnen egal ist, wie beliebt sie sind. Kein Wunder, dass Geführte den Führungsstil ihrer Führungskraft dann messerscharf analysieren und mit einem Messer ohne Klinge vergleichen, dem der Stiel fehlt, vom Stil ganz zu schweigen. Aber selbst das kratzt die Kritisierten meist nicht. Hauptsache, die Zahlen stimmen, der Rubel rollt, und es gibt eine Wachstumsperspektive. Das sind die relevanten Kriterien von Zuckerbrot- und Peitschenfetischisten unter den Anführenden in den Betrieben.

Auch wenn man sich die eigentümlichen Eigner von großen Firmen anschaut, kann man sich des Eindrucks nicht erwehren, dass sich einige Shareholder nicht viel um die Arbeitszufriedenheit scheren. Man ist an Gewinn interessiert, nicht an Gefühlen. Das ist überraschend, denn in der reichhaltigen Führungsstil-Literatur geht es vor allem um Wohlfühlkriterien für die, die geführt werden wollen. Zumindest die klassische Einteilung in Führungsstile, so wie sie Kurt Lewin und andere Pioniere der Sozialpsychologie vorgenommen haben, ist ein Konstrukt, das von konstruktiven Menschen mit sozialer Ader ersonnen wurde.

Heutzutage sind für Führungskräfte eher moderne Metaanalysen interessant, die den Effekt verschiedener Führungsstile auf den Output der Company unter die Lupe nehmen. Und wen wundert's, unter diesem Blickwinkel lässt sich eine starke Korrelation von Organisationsleistung und

»Sicherheitsführung« nachweisen. Sicherheitsführung klingt nicht ohne Grund so, als ginge es hier vor allem um Vorschriften, Befehle und Sanktionen bei Übertretungen. Man darf nicht vergessen, dass »Führungskraft« nicht nur aus Führung, sondern auch aus Kraft besteht. Kennt man ja aus der Physik: Unter Kraft versteht man die Einwirkung, die einen festgehaltenen Körper verformen oder einen beweglichen beschleunigen kann. Unter »starker Führung« ist also die Stärke zu verstehen, mit der man bei jemandem spürbar Eindruck hinterlassen oder ihm Beine machen kann. Dann läuft's.

Cholerisch statt Kollegial

Nicht ohne Grund hat das Land mit der härtesten Währung der Welt, nämlich die Schweiz, ihr Geld nach der Region benannt, aus der ich komme: Franken. Es gibt nichts Härteres. Das gilt sowohl fürs Schweizer Geld als auch für Schweizer Messer, wie manchmal auch für fränkische Führungskräfte, die Härte zeigen, wenn ihnen was gegen den Strich geht.

So hat ein leitender Angestellter einer fränkischen EDV-Firma einmal mit der Gaspistole vor den Nasen seiner Mitarbeiter herumgefuchtelt und sie mit dem Messer bedroht, als sie nicht taten, was er wollte. Wer's nicht glauben will, kann es in einem Urteil des Bundesarbeitsgerichts nachlesen (Az. BAG 4 Ca 1630/03 C). Man sieht an diesem Beispiel, dass leider oft auch Leader zu falschen Tools greifen, wenn es um stichhaltige Argumentation geht. Das gilt nicht nur für Franken. Im Laufe meiner Auftrittsreisen bin ich landauf, landab Cholerikern begegnet, die in ihren Firmen Angst

Die Welt ist eine Scheibe

Sie sollten jetzt nicht anfangen, wegen jeder Kleinigkeit mit dem Chef zu diskutieren

und Schrecken verbreitet haben. Dabei sind totale Ausraster wie der mit der Gaspistole sicher die Ausnahme. Man muss keinen Schuss haben, um Angst zu verbreiten. Selbst ein Messer braucht es nicht; verletzen kann man auch mit subtilen Spitzen, fiesen Andeutungen und öffentlichen Herabwürdigungen. Gepaart mit Unbeherrschtheit, Unsachlichkeit und ungerechten Urteilen verfehlt das seine Wirkung bei Untergebenen nie.

Wer als Chef auf die Pauke haut, verstimmt nicht nur seine Mitarbeiter, sondern erzeugt meist nur Kakophonie. Oft habe ich erlebt, dass cholerische Ausbrüche vor allem die treffen, die am leichtesten einzuschüchtern sind oder sich am wenigsten wehren. Auf die Schwächsten kann man am leichtesten einprügeln. Scheinbar verfehlt so ein Tobsuchtsanfall seine Wirkung nicht: Der Brüllende hat danach den Eindruck, alle würden effektiver arbeiten und weniger Fehler machen. Natürlich irrt er sich: Es werden keineswegs weniger Fehler gemacht. Einem Chef, der öfter schon mal ausgerastet ist, werden sie in Zukunft nur verheimlicht werden. Gegen starke Gefühle in der Führung ist ja nichts einzuwenden. Doch manchmal sollten Chefs nicht um sich schlagen, sondern Ratschläge annehmen und lieber klaglos ertragen, unheimlich enttäuscht als heimlich getäuscht zu werden.

Wer sich zum Beispiel fragt, warum es hiesige Ingenieure unterlassen haben, die Schummelsoftware bei Dieselfahrzeugen ihren Vorständen zu offenbaren, unterschätzt die Angstkultur bei den Herstellern. Gerade in Großkonzernen zählt Hierarchie mehr als Hirn, und statt unabhängigem Denken wird Untertanengeist gepflegt. Ich dachte ja immer, etwas Schlimmeres als Sand im Getriebe kann es bei Dieselfahrzeugen nicht geben. Dann stellte sich heraus, es war gar kein Sand, sondern Winterkorn. Winterkorn führte wahrlich mit harter Hand, passend für einen mächtigen Automobilkonzern quasi als Auto-krat. Wenn ihm was nicht passte, musste nachgebessert werden, so wird kolportiert – egal, wie hoch die Kosten dafür waren. Da sollen schnell mal dreistellige Millionenbeträge zusammengekommen sein – nur weil Winterkorn zum Beispiel an den Stoßfängern von bereits fertig entwickelten Fahrzeugen Anstoß genommen hatte. Wenn unpassende Ergebnisse präsentiert wurden oder schlimmer noch: rote Zahlen, wurde Winterkorn selber rot vor Zorn und platzte schier vor Wut, bis er den Überbringer schlechter Nachrichten niederbrüllte, beschimpfte und lautstark davonjagte, so heißt es.

Ein VW-Topmanager hat gegenüber Journalisten mal verraten, dass Winterkorn harmonische Sitzungen bei VW als keine guten empfunden habe. Toben und Wüten als Führungsqualität? Ein Mann, der spaltet, obwohl ihm doch gerade das kleinstmögliche Spaltmaß so am Herzen lag? Seine Mitarbeiter nahmen sich zu Herzen, dass er ihnen an den Kragen wollte, wenn sie unliebsame Wahrheiten zu vermelden hatten. Kein Wunder, dass niemand den Mund aufmachte, als Probleme auftauchten. Das sollten dann andere machen.

Am Ende haben den Job übrigens Anwälte übernommen, die den Schadenschlamassel rund um die Dieselaffäre irgendwie in den Griff bekommen mussten. Allein die Anwaltshonorare dafür gehen in die Milliarden. Für das Geld hätte man noch eine ganze Menge Stoßfänger neu designen lassen können – oder Dieselmotoren schadstoffoptimieren.

Schrullige Chefs und schrottige Entscheidungen

Was man aus Vorzimmern erfährt, ist oft unglaublich. Es scheint fast so, als wären Vorgesetzte ohne die Menschen, die man ihnen in den Räumen vor ihren Chefzimmern vorgesetzt hat (also die eigentlichen Vor-Gesetzten), nicht einmal in der Lage, einfache Alltagsaufgaben zu bewältigen. Wie können die dann Firmen lenken, fragt man sich. Apropos lenken: Der Inhaber eines großen Ingenieurbüros ließ sich vor längeren Fahrten zu Auftraggebern von seiner Assistentin das Fahrziel ins Navigationssystem des teuren Oberklassewagens eingeben. Nicht nur seiner Vorzimmerdame, auch dem Navi traute der Mann blind aufs Wort, ohne sich um weitere Details zu kümmern. Manchmal geschah es, dass der Chef, kaum am Ziel angelangt, in seinem Büro anrief, um sich zu erkundigen, in welcher Stadt er jetzt eigentlich sei.

Wer meint, das sei schon richtig abgefahren, weiß nicht, wie anderswo in Vorstandsetagen verfahren wird: Den Wunsch seiner Frau, ein Weihnachtsgeschenk gemeinsam nach den Feiertagen umzutauschen, konnte der Vorstand eines DAX-Konzerns erst nach Rücksprache mit seiner Assistentin erfüllen, die für die gesamte Familie des Chefs einschließlich der Gattin die Weihnachtsgeschenke besorgt und auch eingepackt hatte. Wahrscheinlich war der großzügige Schenker beim Auspacken unter dem Weihnachtsbaum genauso von den Geschenken überrascht wie die beschenkte Familie. Auspacken musste er dann selber bei seiner Frau, warum er nicht wisse, wo er das Geschenk für sie gekauft habe. Hatte er ja nicht!

Dass er sich das Ganze hätte schenken können, hat sich auch der Inhaber eines mittelständigen Betriebes gedacht, der als Vorreiter seiner Branche immer einen Schritt voraus war. Im Hinblick auf die Mitarbeitermotivation, sein soziales Engagement über das übliche Maß hinaus und die Fürsorge seinen Angestellten gegenüber wollte er es an nichts mangeln lassen. Als Krönung seines guten Geistes ließ er einen betriebseigenen Kindergarten einrichten. Vor der Festanstellung einer Erzieherin stellte sich allerdings heraus, dass überhaupt keine der Mitarbeitenden Kinder im Vorschulalter hatte. Man hätte einfach nur mal miteinander reden müssen. Es ist aber auch schwer, immer alle kindischen Detailinformationen zur Hand zu haben.

Da lobe ich mir den Seniorchef eines weiteren Unternehmens, der alles Schwarz auf Weiß vor sich haben wollte und an ihn adressierte E-Mails von seiner Sekretärin ausdrucken ließ. Papier ist einfach geduldiger.

Solcherart lustige Marotten sind harmlos im Vergleich zu der Feststellung, die mir ein Unternehmensberater zuraunte. Nachdem er jahrelang an wichtigen Firmensitzungen teilnehmen durfte, kam er zu der frustrierenden Erkenntnis, dass Diskussionen und Entscheidungsprozesse umso länger dauerten, je unwichtiger das Thema war. Beispielsweise wusste er zu berichten, wie eine halbe Stunde lang angeregt über den Tagesordnungspunkt »Anschaffung eines Fahrradständers für das Werksgelände« diskutiert worden war. Für eine produktionsrelevante Investition in Millionenhöhe gönnte man sich in derselben Sitzung nur wenige Minuten. Bei Fahrradständern trauten sich die Entscheidungsträger einfach, mehr Fragen zu stellen, ohne inkompetent oder unqualifiziert zu wirken. Sie hatten sichtlich Spaß daran, zu fachsimpeln, in welcher Größe, mit welchen Materialien das umgesetzt werden könnte und wie man das Ganze überdacht. Apropos überdacht: Die Länge der Besprechungsdauer korrelierte im Nachgang tatsächlich mit der Nachhaltigkeit der Entscheidungen. Der überdachte Fahrradständer steht noch heute an Ort und Stelle, während die Produktion schon nach kurzer Zeit ins Ausland verlagert wurde, weil man am Standort nicht effizient genug produzieren konnte.

Der Fahrradständer erinnert mich an eine Liedzeile aus einem Arbeiter- und Kampflied von 1863 für den Allgemeinen Deutschen Arbeiterverein: »Alle Räder stehen still, wenn dein starker Arm es will.« Nur dass bei unserem Fahrradunterstand sich nicht das Proletariat, sondern die Prokuristen unterstanden, die Arbeitenden bei viel wichtigeren Dingen im Regen stehen zu lassen. Jetzt darf man sich woanders abstrampeln.

Chefallüren: Kündigen statt Küren

Es ist erschreckend, wie viel Energie Menschen aufbringen können, wenn es darum geht, nicht etwas voran, sondern jemanden zur Strecke zu bringen, also unliebsame Weggefährten aus dem Weg zu räumen oder verdiente Mitstreiter abzusägen.

Der Grund für solche wirtschaftlichen Wahnsinnstaten ist in den seltensten Fällen im Streben nach höheren Gewinnen zu suchen, sondern vielmehr im Ausleben niederer Gefühle: Neid, Missgunst, Rache.

Natürlich ist es schwierig, einen erfolgreichen, integren Manager zu Fall zu bringen, zumal wenn der sich nichts zuschulden hat kommen lassen – außer jemandem nicht in den Kram zu passen. Man braucht als Intrigant und Ränkeschmied schon triftige Gründe, um den anderen loswerden zu können. So mir nichts, dir nichts kann der Chef einen nur vor die Tür setzen, wenn ihm der Laden gehört. In inhabergeführten Unternehmen droht Missgünstlingen somit der Mir-gefällt-deine-Nase-nicht-Exodus. Will man keine horrenden Abfindungen zahlen, braucht man aber auch in diesem Fall handfeste, arbeitsrechtlich relevante Gründe in der Hinterhand, um seinen einstigen Schützling vom Hof jagen zu können.

Noch vertrackter wird es in Gesellschaften, bei denen mehrere Wichtigtuer ein Wörtchen mitzureden haben – weil Verträge auch dann noch gelten, wenn man sich nicht mehr verträgt. Da müssen dann Aufsichts- oder Verwaltungsratskollegen gewonnen und überzeugt werden, dass einer für die Firma nicht mehr tragbar ist. Dann liest oder hört man plötzlich von Floskeln wie »hat die Erwartungen nicht erfüllt«, »hat sich als Fehlbesetzung erwiesen«, »war mit der Aufgabe überfordert«. Das muss natürlich nicht stimmen, nur hat man als Intrigant gute Karten, wenn so etwas erst einmal ein paar Tage unwidersprochen im Raum steht, bevor der sprachlose und verdatterte Betroffene dazu Stellung beziehen kann. Wenn so jedenfalls über einen geredet wird – wohlgemerkt in der Vergangenheitsform, obwohl man noch fürs Unternehmen tätig ist – weiß man, was die Stunde geschlagen hat, nämlich dass die Zeit so gut wie abgelaufen ist.

Leider trifft es oft nicht die wirklich schlechten Manager, über die so schlecht geredet wird. Viel öfter erwischt es ganz im Gegenteil die, die mutig und motiviert nach vorne preschen und Veränderungen in verstaubten Systemen wagen. Genau das ist der Grund dafür, dass man sie ausbremst: Unter den Altvorderen gibt es immer welche, denen es stinkt, wenn frischer Wind aufkommt und alte Seilschaften infrage gestellt werden, solange sie die Strippenzieher sind. Wer seine Pfründe sichern will, findet tausend Gründe, warum alles beim Alten bleiben sollte. Die eigenen verstaubten Ansichten gewinnt man ja oft so lieb, dass man gar nicht will, dass Staub aufgewirbelt wird. Grantige von den alten Garden, die was auf dem Kerbholz haben, fürchten auch um ihre Reputation und Zukunft und sägen deshalb neunmalkluge Besserwisser ab, bevor die gefährlich werden können.

Auffällig häufig werden gerade die vergrämt und vergrault, die Licht ins Dunkel dubioser Firmenmachenschaften bringen sollen und wollen. Bei VW beispielsweise wurde extra eine Externe als Konzernvorstand für Recht und Integrität berufen, um den Abgasskandal aufzuarbeiten. Als Anstandsdame holte man Christine Hohmann-Dennhardt von Daimler und schmiss sie nach nur einem Jahr als Compliance-Feigenblatt wieder raus. Selbst ihre Abfindung in Höhe von etwas mehr als 15 Millionen Euro schmerzte die VW-ler weniger als das berechtigte Gerechtigkeitsgenöle von Hohmann-Dennhardt. Die ehemalige Verfassungsrichterin sollte für eine saubere Unternehmensführung sorgen beziehungsweise dafür, am Ende alle mit weißer Weste dastehen zu lassen, ohne schmutzige Wäsche mit den Verantwortlichen zu waschen. Die ältere Dame wollte die Männer in Wolfsburg noch älter aussehen lassen. Hohmann-Dennhardt wollte »nicht nur mehr Wandel, sondern auch mehr Einfluss für sich. Das gefiel manchen, die in den alten Strukturen des Konzerns groß geworden sind, nicht«, wie die FAZ schrieb. Die alten Säcke von VW saßen aber am längeren Hebel. Man trennte sich »aufgrund unterschiedlicher Auffassungen über Verantwortlichkeiten und die künftigen operativen Arbeitsstrukturen«, wie der Konzern formvollendet unfreundlich formulierte.

Im Nachhinein klingt es auch nachgerade lächerlich, dass man bei VW schonungslose Aufklärung versprochen hatte. Weiß doch jeder Jäger: Eine Schonung ist ein schutzbedürftiger Wald. Ohne Schonung gedeiht erst mal gar nichts. Verständlich, dass man es durch die Blume ausdrückt, wenn dann jemand zum Abschuss freigegeben wird. Ist dem Vorgänger von Blume, dem neuen Vorstandsvorsitzenden von VW, ja auch so gegangen, und dem Vorvorgänger auch: Matthias Müller und Herbert Diess mussten gehen, weil Mächtigen im Konzern deren Nasen nicht gepasst haben oder sie deren elanvoller Aufbruch in die E-Mobilität nicht elektrisiert hat. Wenn selbst der seriöse *Spiegel* über einen »Führungsstreit auf Netflix-Niveau« schrieb, kann man sich denken, dass es immer drehbuchreif ist, wenn sich das Personalkarussell in Wolfsburg dreht.

Übrigens gilt das alles nicht nur für »das Auto«. Woanders sagt man nicht VW, sondern »Oweh!«

Balance Bullshit

Als ich das erste Mal einen Vorgesetzten vor seinen Untergebenen von Work-Life-Balance sprechen hörte, dachte ich, er wolle seinen Untergebenen ernsthaft mehr Flexibilität, Freiheit und Vorteile gönnen. In Wirklichkeit meinte er nur, dass er ein Auge zudrücken würde, wenn Alleinerziehende etwas später zur Arbeit kämen, um ihre Kinder noch im

Kindergarten abzugeben. Außerdem durften sie einmal in der Woche etwas länger Mittagspause machen, um Lebensmittel einzukaufen. Natürlich musste die versäumte Zeit dann anderweitig nachgeholt werden.

Dieses Beispiel ist sicher nicht repräsentativ. Möglicherweise tue ich vielen Chefs sogar unrecht, wenn ich so ins Thema einsteige. Die Ausgewogenheit gerät so völlig aus der Balance, was bei dem Thema natürlich blöd ist. Fangen wir also noch einmal ganz anders an.

Haben Sie schon mal was von der Kritik der politischen Ökonomie gehört? Ist von Karl Marx, halten aber viele für Murks. Marx mochte es radikal: »Revolutionen sind die Lokomotiven der Geschichte.« Man kommt am besten in Fahrt, wenn man Dampf ablässt. Jedenfalls kann sich der Mensch laut Marx nur wirklich entfalten, wenn er sein Sein zum bewussten Gegenstand seines Handelns macht, anstatt sich von gesellschaftlichen Verhältnissen gängeln und von fremden Mächten steuern zu lassen.

In seinen Ökonomisch-philosophischen Manuskripten von 1844 schreibt Marx: »Der Arbeiter legt sein Leben in den Gegenstand; aber nun gehört es nicht mehr ihm, sondern dem Gegenstand. Je größer also diese Tätigkeit, umso gegenstandsloser ist der Arbeiter. Was das Produkt seiner Arbeit ist, ist er nicht. Je größer also dies Produkt, je weniger ist er selbst.«

Seit über 175 Jahren gärt dieser Gedanke in den Hirnen der Ausgebeuteten, die Arbeit aufgehalst bekommen haben. Der lästigen gedanklichen Last musste man etwas entgegensetzen – und kam auf die Work-Life-Balance. Balancieren bedeutet ja, im Lot zu sein. Falls Sie im Physikunterricht nicht aufgepasst haben sollten: Die Lotrichtung zeigt immer nach unten und steht senkrecht auf den Niveauflächen des Schwerefeldes in Richtung der Resultierenden aus Schwerkraft und Fliehkraft. Ist also nicht schwer, das Ganze mit Arbeit zu assoziieren, da es mit Schwere zu tun hat und einer Kraft, die fliehen möchte. Kein Wunder, wenn man da die Balance nicht halten kann.

Vielleicht fängt das Problem schon damit an, dass man Arbeit nicht als Teil des Lebens, sondern als etwas Widerstrebendes ansieht, das man zum Leben so in Position bringen muss, dass man das Gleichgewicht nicht verliert. Wie soll ein Balance-Akt aber gelingen, wenn man der Meinung ist, die Arbeit ziehe einen immer herunter? Dann muss das Leben zwangsläufig aus dem Lot geraten. Damit man nicht völlig durchdreht und somit die Fliehkräfte überhandnehmen, kamen Arbeitgeber auf die Idee, statt immer nur der Nichtigkeit des Nichtstuns die Wichtigkeit der Werktätigkeit entgegenzuhalten, beide Lebensbereiche wertzuschätzen und Arbeits- und Privatleben in Einklang zu bringen. Schluss also mit dem kapitalistischen Karrierekonzept, die Aufopferung im Arbeitsalltag als einzigen Aufstiegsweg an die große Glocke zu hängen. Das mit der großen Glocke musste ein Ende haben. Es müsste eigentlich »Work-Life-Bell-Ends« heißen.

Wie dem auch sei, die neue Botschaft kommt an und wirkt. Work-Life-Balance zählt mittlerweile als Wettbewerbsvorteil auf dem Arbeitsmarkt, fanden findige Personaler heraus. Zumindest bietet die posttayloristische Positionierung als familienfreundliche Firma Vorteile für Anwerbung und Zufriedenheit der Mitarbeiter. Sie dient der Motivation und verringert die Fluktuation. Außerdem trägt sie zur Erhaltung von guter Laune und Gesundheit bei und hilft, finanzielle Dellen aufgrund von Frust, Freudlosigkeit und krankheitsbedingten Verdienstausfällen zu verhindern.

Selbst notorische Workaholics und Selbstausbeuter gestehen zu, dass ausbalancierte Bedürfnisbefriedigungen abseits der Maloche als ausgleichendes Gegengewicht durchaus identitätsstiftend, impuls- und kräftegebend wirken können. Anstelle unvergüteter Aneignung von Mehrarbeit, die laut Marx'scher Definiton als Ausbeutung bezeichnet werden kann, steht nun das Streben nach gütlichem Auskommen zwischen den Lebensbereichen ohne gegenseitige negative Beeinflussung. Gelungene Work-Life-Balance ist vergleichbar mit dem Befüllen zweier Waagschalen mit verschiedenen Kugeln und der Hoffnung, dass sich das Ganze die Waage halten wird. Bei all dem Wiegen, Erwägen und dem Bestreben nach Ausgleich und ausgleichenden Gewichtungen bei schwerwiegenden Wichtigkeiten bleibt am Ende nur noch die Frage, ob man eine ruhige Kugel schieben oder sich die Kugel geben will.

Warum nicht gemacht wird, was gut wär'

Ich bin in einer Zeit groß geworden, da gab es im öffentlichen Nahverkehr keine »Fahrgäste«, sondern »Beförderungsfälle«. Die wurden als notwendiges Übel angesehen, die das Einhalten des Fahrplans verkomplizierten und das Einrichten von Haltestellen notwendig machten, also alles nur unnötig verteuerten.

Auch heute noch bedeutet »Beförderungsfälle« keinesfalls, dass fähige Mitarbeiter von Fall zu Fall befördert werden. Es sind lediglich Kennziffern gemeint, mit denen ausgerechnet werden kann, welches Verkehrsunternehmen für welche Fahrzeuggattung auf welcher Linie wie viel vom vereinnahmten Fahrtentgelt erhält. Sollten Sie ab und zu Scrabble spielen, merken Sie sich das Wort »Betriebszweigbeförderungsfälle«. Das ist die Anzahl der Fahrtenketten, bei denen Fahrgäste ein oder mehrere Verkehrsmittel eines Betriebszweiges nutzen. Wie Sie sofort sehen, ist das ein bürgerferner Bürokratenbegriff, der uns Unbedarften nichts sagt, sofern wir nicht wissen, was Fahrtenketten und Betriebszweige beim Öffentlichen Personennahverkehr (ÖPNV) eigentlich sind. Das verschwurbelte Fachwort vermittelt aber einen guten Eindruck, wie Leute, die beim ÖPNV arbeiten, denken und reden. Da geht es nicht unbedingt um die Bedürfnisse von »Fahrgästen«, sondern um das Bearbeiten von »Fällen«.

Ich durfte mal mit kreativen Ideen für einen Verkehrsverbund tätig werden. Da ging es um einen sehr seltsamen Fall werblicher Maßnahmen: In Zeiten, in denen in den Verkehrsmitteln so gut wie nichts los war, sollte mit frischen, frechen Vorschlägen die Fahrgastzahl erhöht werden. Zu Stoßzeiten wie dem Berufsverkehr durfte der ÖPNV allerdings bloß nicht attraktiver erscheinen. Denn die Crux an der Aufgabe war, dass keinerlei Investitionen am Fuhrpark geplant waren. Im Klartext hieß das, man wollte die Auslastung der verfügbaren Fahrzeuge in Schwachlastzeiten erhöhen, ohne so viele neue Fahrgäste anzulocken, dass man im schlimmsten Fall neue Fahrzeuge hätte anschaffen müssen. In der öffentlichen Wahrnehmung sollte die Fahrt mit Bus und Bahn ökologisch vernünftig, reizvoll, sympathisch, unterhaltsam erscheinen – für die armen Pendler, die sich jeden Morgen wie Sardinen zusammenquetschen müssen, sollte aber so gut wie nichts dabei herausspringen, zumindest nicht mehr Platz.

»Also, Herr Tissot, machen Sie sich mal an die Arbeit

und bringen Sie pfiffige Anregungen!« Für mich klang das ein bisschen so, als müsste ein Gastwirt damit werben, dass das Essen immer dann besonders gut schmecke, wenn keine Gäste da sind. Als Guerilla-Marketing-Kämpfer war ich es gewohnt, für wenig Geld viel kreativen Wirbel zu machen. Ich präsentierte folglich fast fünfzig fröhliche Fahrgastvergnügen, die so gut wie nichts kosteten und bei denen die Beförderungsfälle dennoch auf ihre Kosten gekommen wären. Die Verantwortlichen vom Vorstand runter bis in die Abteilungsleitungen waren bewegt. Und das ist bei einem Unternehmen, das Mobilität anbietet, ja schon mal gut. Sie kamen sogar richtig in Fahrt bei der anschließenden Diskussion, ob, wie und wann man das Ganze umsetzen könne. ›Noch besser!‹, dachte ich.

Da hatte ich aber den Leiter der PR-Abteilung noch nicht richtig kennengelernt. Ein behäbiger Bedenkenträger, der kurz vor seiner Pensionierung stand. Er war das Problem. Da der Etat für die Umsetzung der Ideen in seinem Entscheidungsbereich lag, verfügte er, dass bis zu seinem Austritt aus dem Unternehmen so gut wie gar nichts gemacht werden sollte. Als Begründung führte er mir gegenüber an, es käme ansonsten nur die Nachfrage, warum man so etwas nicht schon viel früher gemacht hätte. Mit dieser möglichen Schmach wollte er sich das letzte Jährchen seines Berufslebens nun wirklich nicht verleiden lassen. Warum sich das Leben schwer machen? Genügte doch schon, dass sich Fahrgäste dauernd über irgendetwas beschwerten.

Wenn Sie, liebe Leser, für andere mit Herzblut Lösungen kreieren, prüfen Sie lieber vorher, ob Ihr Gegenüber überhaupt aus der Lethargie erwachen und mit Ihren Vorschlägen Lorbeeren verdienen will. Wenn das nicht der Fall ist, werden Ihre Ergüsse wahrscheinlich in der Schublade verschwinden und niemals umgesetzt werden – zumindest, solange die Möglichkeit besteht, dass sie Erfolg versprechender sein könnten als das, was bisher gemacht worden ist.

Auch wenn Voltaire, der große Aufklärer und Weltverbesserer des 18. Jahrhunderts, der Meinung war, das Bessere sei der Feind des Guten, gilt heute unter wichtigtuerischen Miesepetern der Glaube: Es ist besser, es beim guten Alten zu belassen, weil man sich sonst Feinde macht.

Bei Anruf Mord(gelüste)

Es müssen schreckliche Arbeitsbedingungen herrschen, wenn die *Zeit* für einen Business-Bericht die Schlagzeile »Arbeiten in der Großraumhölle« wählt und der *Stern* einen Insider-Report über dieselbe Branche als »Bericht aus dem Vorhof der Hölle« betitelt. Zumindest lassen die Formulierungen tief blicken, wie es in deutschen Telefonzentralen zugeht. Wenn schon nicht mit dem Teufel, so zumindest ganz und gar nicht himmlisch! Beide Zeitungen haben nämlich über den Job von Callcenter-Agents geschrieben.

Wobei es natürlich Hohn ist, für diesen Arbeitsplatz den Begriff »Agent« zu wählen. Das soll nur Leute ködern, denen man vorgaukeln will, sie könnten sich mittels Telefonjob wie 007 fühlen und nicht als Nullen. Statt das Arbeitsleben eines Doppelnull-Agenten führen sie dann ein kärgliches Telefonkojendasein. Bei manchem Arbeitgeber wird selbst der Gang auf die Toilette vermerkt. Statt 007-Gangsterjagd gibt es also nur 00-Klogängelei. Da es aber vor allem Frauen sind, die dort arbeiten, werden die schon genug gegängelt. Weibliche Agents dürfen sich gern einmal schlüpfrige Bemerkungen anhören, ob sie die Callgirls im Callcenter seien. Hahaha.

Zu lachen gibt es auch ansonsten wenig: Als Anrufer bei einer Service-Hotline glaubt man ja noch, die Einverständniserklärung zur Gesprächsaufzeichnung hätte mit dem Bemühen nach Qualitätsverbesserungen zu tun. Ja, aber nicht für Anrufer, sondern lediglich für die Callcenter-Betreiber, die ihren Mitarbeitern ständig im Nacken sitzen und sie abhören und ermahnen, schnell, pausenlos, effizient, kurz: optimiert und optimistisch zu arbeiten.

Fast so schnell übrigens, wie sich Agents auf Anrufer und Themen einstellen müssen, müssen deren Arbeitgeber neue Mitarbeiter einstellen. Die Fluktuationsrate in der Branche liegt bei bis zu 23 Prozent, weiß Verdi zu berichten. Und wenn wir schon von Verdi sprechen, dann liegt der Vergleich mit dem Chor der Gefangenen nicht fern, wenn man an die schlechten Arbeitsbedingungen in Callcentern denkt. Die Techniker Krankenkasse veröffentlicht jährlich die Krankenstände verschiedener Branchen. Am häufigsten schlapp machen die schlecht bezahlten Telefonsklaven von Service- oder Kundenhotlines. Kein Wunder, dass auch Depressionen in diesem Umfeld besonders häufig vorkommen. Dauerstress, stete Überwachung und miese Entlohnung schlagen aufs Gemüt.

Es gibt Arbeitsplätze, an denen pro Schicht bis zu 400 Kundengespräche geführt werden sollen. Klar, dass da irgendwann Schicht im Schacht ist. Wer völlig erschöpft trotzdem beim zweiten Klingeln nicht drangeht, dem dürften die Ohren klingen, denn er bekommt auch noch von seinem Vorgesetzten was zu hören. Bundesweit sind bis zu 540.000 Callcenteragenten in etwa 7000 Callcentern auf ihr (meist am Mindestlohn orientiertes) Gehalt angewiesen, weil sie mangels Ausbildung, oder weil sie noch in der Ausbildung sind, keine andere Wahl haben, als Nummern zu wählen. Obwohl: Wählen müssen und können sie gar nicht. Aus Effizienzgründen wählt der Computer nach beendeten Anrufen gleich die nächste Nummer oder stellt den nächsten Anruf durch, um Verschnaufpausen und nutzlos verplemperte Zeit zu vermeiden. Wer möchte da nicht irgendwann meutern?

Da die berühmteste Meuterei die auf der Bounty war, klingt das bei Callcentern auch so ähnlich, wenn man rausruft: »Outbound«. Bei ankommenden Anrufen – »Inbound« – hingegen ist der Computer so schlau, dass er das Gespräch nicht an irgendeinen freien Agenten oder womöglich den kompetentesten Ansprechpartner vermittelt, sondern an den, der einen ähnlichen Dialekt spricht wie der Anrufer. Das kann der Computer nämlich schon anhand der Vorwahlnummer der Anschlusskennung zuordnen. Vor allem bei Reklamationen macht sich das bezahlt, weil Kunden milder gestimmt sind, wenn sie mit jemandem sprechen, der aus der gleichen Region kommt. Gegen anonyme Firmen wettert und schimpft man ja gerne, aber mit Menschen aus der Heimat solidarisiert man sich. Mit solchen einfachen Tricks kann man den Zorn frustrierter Konsumenten in Schach halten.

Noch schlauer ist es natürlich, wenn man in hoch frequentierten Spitzenzeiten, also immer dann, wenn Kunden, die selber arbeiten, auch mal Zeit haben anzurufen, wenige Leute für die Anrufannahme bereithält, sodass die meisten Anrufenden nach einer halben Stunde Wartezeit entnervt aufgeben und sich nie wieder melden.

Da ich dank einiger Auftritte für Callcenter-Betreiber übrigens nicht nur lange mit einem Ohr in Warteschleifen, sondern mit beiden Beinen in Büros von Callcentern verbracht habe, kenne ich zudem ein weiteres Geheimrezept von Personalchefs für den garantierten Telefonier-Erfolg. Die Frage stellt sich ja, wie man das als Agent überhaupt aushält, sich immer das Geschrei und die Unzufriedenheit von Anrufern anhören und Firmen verteidigen zu müssen, für die man gar nicht arbeitet, sondern deren Telefonservice man nur übernommen hat, und selbst das nur im Auftrag des Arbeitgebers. Gewiefte Personaler stellen deshalb gerne Zeugen Jehovas als Mitarbeiter ein. Die sind aufgrund ihrer Religionszugehörigkeit und der damit einhergehenden Verpflichtung zu religiöser Missionsarbeit Enttäuschungen gewohnt und haben eine so hohe Frustrationstoleranz, dass sie sich von Wutausbrüchen, cholerischen Anfällen, Beschimpfungen und Todesdrohungen seitens der Anrufer nicht aus der Ruhe bringen lassen.

Als Anrufer sollten Sie es allerdings nicht auf die Spitze treiben. Viele Firmen führen Buch über die Anrufe ihrer Kunden. Wenn Sie im Computersystem schon als Querulant und Streithansel gekennzeichnet beziehungsweise elektronisch gebrandmarkt sind, sinkt die Chance, dass der Computer Sie überhaupt durchstellt und der Agent Ihr Anliegen zu Ihrer Zufriedenheit erfüllen wird. Vielmehr wird der, der Sie an der Strippe hat, dank des negativen Eintrages, den er auf seinem Bildschirm liest, Ihnen nicht mehr einräumen, als zwingend – also gesetzlich – nötig. Ganz schlimm wird es übrigens bei negativen Schufa-Einträgen. Da kriegen Sie dann gar nichts mehr, außer die Krise. Sollten Sie deshalb also mal richtig schlecht aufgelegt sein, lassen Sie Ihre Wut bitte erst dann raus, wenn Sie wieder aufgelegt haben. Das bringt langfristig mehr.

Blödsinn bauen
beim Teambuilding

»Build-Prozesse« sind, sofern Sie IT-Fachleute fragen, eigentlich Erstellungsprozesse einer bestimmten Version einer Software. Wenn Sie keine Fachleute fragen, denken die eher an Teambuilding. Das ist dann allerdings eher Einbuildung. Zumindest bilden sich viele Vorgesetzte ein, dass es ihre Truppe zusammenschweißt, wenn man sie einfach mal gemeinsam was Abenteuerliches machen lässt. Ganz so, wie man sich das landläufig vorstellt: zusammen aufs Land fahren, miteinander spielen und damit bei den Mitarbeitenden landen. Der Grundgedanke ist ja nicht schlecht. Schlecht wird einem eher, wenn man dann als Betroffener selbst in den Seilen hängt, zum Beispiel beim Bergsteigen oder Bouldern.

Wie bei jedem Building wäre es dann wichtig, dass es einen Grund gibt, dass der naheliegend ist und für alle feststeht. Sonst versandet das Ganze oder fängt zu kippen an, bevor es richtig losgeht.

Die Teambuildings, denen ich beiwohnen durfte, liefen in der Regel so ab: Eine Mitarbeiterschar wird anlässlich eines mehrtägigen Vetriebsmeetings oder eines Betriebsausfluges oder eines Workshops oder was auch immer ohne Vorbereitung ins kalte Wasser geworfen. Manchmal sogar wortwörtlich, wenn man beispielsweise zum River Rafting oder Canyoning aufbricht. Bevor geraftet wird, rafft sich dann jeder auf, so zu tun, als wäre so eine Spritztour nicht nur ein feuchtfröhliches Vergnügen, sondern eine erfrischende Abwechslung und Abkühlung. Bock hat natürlich niemand, sich nass zu machen.

Bei anderen Spielarten von Teambuilding-Maßnahmen, die ich erlebt habe, mussten Kugelbahnen und Brücken oder sogar Flugobjekte für rohe Eier gebaut werden. Auch ein Iglubau im Winter mitten in der Pampa war mal gefordert. Im Iglu mussten mindestens zwei Menschen sitzen können, und es durfte natürlich nicht einstürzen. Bestürzend, was passiert wäre, wenn doch einer verschüttet worden wäre. Das Ganze dauerte natürlich mehrere Stunden, und keiner durfte ins Hotel zurück, bis die Gruppe fertig war. Was die Gruppe derweil wirklich fertigmachte, war die Angst vor der Grippe. Gott sei Dank gab es Glühwein gegen die eisige Kälte, die langsam in den Beinen nach oben zog. Je mehr man mittels Glühwein gegen die Kälte tat, umso weniger klaren Verstand hatte man übrig, um sich als Baumeister zu betätigen. Cool fand das keiner – eher unverfroren vom Chef, der im Hotel saß, weil er noch wichtige Telefongespräche zu führen hatte. Wahrscheinlich sollten ihm seine Untergebenen den Beweis erbringen, dass sie einen kühlen Kopf bewahren konnten, auch wenn das Betriebsklima mal unter null Grad fallen sollte.

Noch bedenklicher empfand ich Ausflüge in Hochseil-Klettergärten. Das sind Kletter-Parcours, bei denen man knapp unter Baumwipfelhöhe seine Angst überwinden lernen kann. Da mussten sich dann ganze Abteilungen in schwindelerregender Höhe von Baumstamm zu Baumstamm hangeln und sich gegenseitig Mut machen. Nur mit Gurt und dünnem Seilchen ausgestattet, mit dem man sich an einem Führungsseil anhängen konnte, bangte man, ob das Manöver bei jedem wie am Schnürchen klappen würde. Immerhin konnte sich so jeder selbst überzeugen, dass die Führung am seidenen Faden hängt und man im Zweifelsfall hängen gelassen wird.

Was soll das Ganze, habe ich mich gefragt? Qualifiziert einen der Mangel an Höhenangst für höhere Posten in der Firma? Ist einer, der gut klettern kann, auch die Karriereleiter schneller oben? Nein, natürlich geht es bei solchen Übungen um den Teamgeist. Was spürbar war, denn vielen ging das gewaltig auf den Geist.

In den seltensten Fällen habe ich erlebt, dass solche Gipfelerlebnisse als Höhepunkte empfunden worden wären – geschweige denn, dass die Erlebnisse anschließend ausreichend reflektiert wurden. Der Transfer vom Outdoor-Event zum Hotel findet gerade noch statt, nicht aber die Transferleistung vom Erlebten zu den Herausforderungen im Berufsalltag. Meist machen sich weder Chefs noch Eventagenturen die Mühe, halbwegs passende Teambuilding-Übungen für spezifische Aufgabenstellungen auszuwählen oder zu kreieren. Meist wird gemacht, was es als All-inclusive-Angebot schon gibt oder wofür die beauftragte Agentur das Equipment im Haus hat.

Der schnelle Erfolg ist sowieso vorprogrammiert. Wer hat nicht Lust, lieber im Schnee rumzustapfen oder auf Baumstämmen rumzuhängen, als im Büro zu sitzen oder an der Werkbank zu stehen? Ein gemeinsamer Spaßtag hat somit kurzfristig wohl immer einen Effekt. Die Laune verbessert sich, und Reibungen im Team können unter Kontrolle gebracht werden. Allein das gemeinsame Schmunzeln über den Chef, der sich beim Training noch dümmer anstellt als alle andern, kann zur Motivation beitragen. Aber was nutzt das, wenn am nächsten Tag in der Firma wieder alles so läuft wie vorher? Selten habe ich erlebt, dass die entfalteten Talente und Stärken, die notwendig sind, um bei Outdoor-, Bau- und Bastelübungen zu brillieren, irgend etwas mit den Kompetenzen im Businessalltag zu tun gehabt hätten.

Vielleicht ist der gefühlte Erfolg von Teambuilding-Maß-nahmen auch einfach damit zu begründen, dass die Leute mehr miteinander reden können als an ihrem Arbeitsplatz. Das ist ein simpler psychologischer Effekt: Je mehr und öfter sich Menschen begegnen, umso lieber mögen sie sich in der Regel. Das hat mir zumindest ein Coach verraten, der ein Team bei einem solchen Outdoor-Event begleitet hat. Außerdem lassen die Leute auch mehr Dampf ab, wenn ihnen aufgrund körperlicher Anstrengung mal die Puste ausgeht. Dann kommen Themen aufs Tapet, die in der Firma unter den Tisch fallen. Blöd ist dann nur, wenn beim Teambuildung geniale Lösungen gefunden werden, die im wirklichen Leben zu nichts zu gebrauchen sind. Was nützt es zum Beispiel, eine Technik gefunden zu haben, den letz-ten Eisklotz im Iglu so einzubauen, dass das Ganze nicht sofort einstürzt? So ein Spezialwissen hilft einem im gut geheizten Büro selbst im strengsten Winter relativ wenig bei der Bearbeitung einer Kundenanfrage. Höchstens mag der Kunde dann glauben, er hätte es mit Inuits zu tun. Und das klingt ja schon so ähnlich wie innovativ und intuitiv.

Unterstützend wirkt sich zweifellos auf den Build-Boom aus, dass das Finanzamt solche Aktionen unterstützt. Nicht nur, dass Sie Ihre Mitarbeiter im Winter mitten im Tief-schnee absetzen dürfen, Sie können das Ganze auch von der Steuer absetzen. Dasselbe gilt für gemeinsames Ko-chen, Klettern, Kanufahren und anderen kollektiven Klim-bim. Sie dürfen nur nicht mehr als 110 Euro pro Teilnehmer ausgeben, und es muss mindestens ein Fünftel aller Mit-arbeiter mitmachen. Der Chef muss übrigens auch dabei sein und darf sich nicht wegen etwaiger Telefonate davon-stehlen. Dann können Sie so etwas zweimal im Jahr sub-ventioniert durchführen. Mit etwas Glück holt sich der Chef ja sogar eine kleine Erkältung, die er zu Hause auskurieren muss. Dann können Sie nach dem Teambuilding-Event im Büro wenigstens ein paar Tage lang tatsächlich harmonisch, beschwingt und bosslos miteinander arbeiten.

WC-Tür für Betriebsräte

Nicht ohne Grund singen zahlreiche deutsche Popmusiker ihre Texte auf Englisch. Das klingt einfach weltmännischer oder weniger albern. Natürlich ist auch die erfolgreichste Single aller Zeiten aus deutscher Produktion ein englischer Titel: *Wind of Change* von den Scorpions. 2005 wurde der Song in einer ZDF-Sendung sogar zum »Jahrhunderthit« gewählt. Die Übersetzung des Songs als »Wind des Wechsels« klingt viel weniger nach frischem Wind, man verwechselt es schlimmstenfalls mit Flatulenz oder deutscher Miefigkeit.

Vielleicht weil das mit dem Englischen in der Musik so gut geklappt hat, ging man auch in den deutschen Chefetagen dazu über, englische Titel einzuführen. Bei internationalen Firmen macht das ja auch Sinn. Dann wissen ausländische Besucher schon beim Anblick des Türschilds, woran sie sind oder bei wem sie anklopfen müssen. Etwas übertrieben hat man es allerdings bei einem deutschen Technologiekonzern, der weltweit immerhin zu den größten Unternehmen der Elektrotechnik und Elektronik zählt. Dort will man nicht nur weltmännisch auftreten, sondern das Versprechen nach Effizienz und Ökonomie auch sprachlich einlösen. Das fängt bei den Abkürzungen hinter Mitarbeiternamen an, wie zum Beispiel »DF FA AS DH FTH 3« oder »EM TR LPT PN BA«. So etwas steht tatsächlich auf

Visitenkarten, in Mails oder sogar auf Türschildern des Unternehmens. Warum? So weiß, in der Theorie jedenfalls, jeder Interne sofort, mit wem er es zu tun hat. Jeder Externe darf verblüfft sein, wie gründlich man Arbeit in Divisionen, Sektoren, Bereiche, Abteilungen, Standorte und weiteres Unverständliches – und im Zweifel Irrelevantes – unterteilen kann.

Auch der Betriebsrat wurde in Buchstabenkürzel verhackstückt. Dabei kam man auf die glorreiche Idee, vor den Betriebsratsraum ein Schildchen mit der Abkürzung für »Betriebsrat« zu schrauben – auf Englisch natürlich, also mit der Abkürzung für »Work Council«. So stand dann plötzlich »WC« neben der Tür.

Seit diesem Schildbürgerstreich konnten sich die Betriebsräte jedenfalls nicht darüber beschweren, dass sie zu wenig Besuch bekommen hätten. Oder wollte die Konzernleitung nur ihrem Verdacht Ausdruck verleihen, dass das, was hinter dieser Tür passiert, für'n Arsch ist?

Ausgezeichnet!

In Deutschland gibt es ein Preisauszeichnungsgesetz für alle Dinge, die zum Verkauf angeboten werden. Selbst wenn sich nach dem Kauf herausstellt, dass es kein ausgezeichnetes Produkt ist, muss es beim Händler im Regal, im Schaufenster oder am Ständer ausgezeichnet sein, auch vor dem Laden. Man will also vonseiten des Gesetzgebers zumindest bei Preisfragen niemanden im Regen stehen lassen. Oder möchte man vielmehr deutlich machen, wie flüssig man sein muss, um in den Besitz des Ausgezeichneten zu kommen?

Die Idee hinter dem Gesetz: Preistransparenz und klare Produktinformationen sollen für einen fairen Wettbewerb sorgen. Bei zunehmend identischen Angeboten und schrumpfenden Gewinnmargen ist es allerdings schwer, sich über den Produktpreis von der Konkurrenz abzuheben. Gewitzte Geschäftemacher kamen deshalb irgendwann auf die Idee, nicht nur Produkte mit Preisen auszeichnen zu lassen, sondern sich selbst oder die ganze Firma. Nicht mit Preisen, die zeigen, was etwas kostet – sondern durch Preise, mit denen man als Anbieter auf seine Kosten kommt, weil man sich dank ihrer besser anpreisen kann. Wer einen Preis bekommt, ist ein Gewinner, und Gewinnertypen werden geschätzt. Schätzungsweise hoffen auch Firmen, dass es gewinnbringend sein kann, wenn sie für irgendetwas einen Preis oder eine Auszeichnung erhalten.

Was der gemeine Kunde leider nicht weiß, obwohl es wirklich gemein ist, hat mit den Vergaberichtlinien zu tun, die für viele Wettbewerbe oder vermeintliche Ehrungen und Würdigungen gelten. Oft hat das Ganze gar nichts mit Leistung, Qualität und Erfolg zu tun, sondern mit Geldscheinen, für die man sich den schönen Schein erkaufen kann. Wenn Sie ordentlich Geld auf den Tisch legen, bekommen Sie mit Brief und Siegel oder Button und Schutzzeichen oder Buch und Siegerehrung bestätigt, dass Sie ganz toll sind. Der Kunde glaubt vielleicht sogar, dass Sie zu den hundert Besten zählen, wenn Sie beispielsweise in einer Top-100-Liste auftauchen. In Wirklichkeit gehören Sie lediglich zu 100 Möchtegernbesten, die topmotiviert einige Hunderter hingeblättert haben, um so tun zu dürfen, als gehörten sie zu den Spitzenreitern. Damit nicht mit allen die Gäule durchgehen, die sich für was Besseres halten, hat man natürlich hohe Hürden gesetzt: Man muss nicht einige

Hunderter investieren, sondern schon ein paar Tausender. So lichtet sich das Feld der Investitionswilligen schon ein bisschen. Was nichts kostet, ist schließlich nichts wert. Den Preisträgern muss ja auch das Gefühl gegeben werden, dass sie wirklich zur Crème de la Crème gehören und etwas Besonderes sind.

Ausrichter solcher Wettbewerbe, bei denen mit viel Geld etwas Ehr' erkauft werden kann, benötigen den einzuzahlenden Zaster angeblich für Recherchen, Auswertungen und natürlich den Eintrag von Wettbewerbs- oder Siegervignetten als geschützte Markenzeichen. Mit dem exklusiven Emblem kann der frisch Gekürte allerdings erst einmal nichts anfangen! Nicht dass Sie meinen, dass man die erworbene Auszeichnung auf seiner Homepage oder hinter der Ladentheke mit Abdruck des Zeichens bewerben dürfte, ohne dafür noch einmal extra bezahlen zu müssen.

Mittlerweile gibt es in nahezu allen Branchen für Preisbewusste, also potenzielle Preisträger, denen bewusst ist, dass sie für eventuelle Auszeichnungen Einzahlungen zu leisten haben, Wettbewerbe. Wenn Sie zum Beispiel in der großen, weiten Welt der Werbung etwas zählen wollen, müssen Sie Kreativpreise vorweisen. Auch da können Sie nicht einfach Arbeiten bei Wettbewerben einreichen, ohne dafür Gebühren zahlen zu müssen. Was die Jury natürlich über Gebühr freut. Wie das Wort »einreichen« bereits mutmaßen lässt, muss man da schon eher zu den Reichen gehören, wenn man bei den Vieldekorierten dabei sein will. Pro eingereichter Print- oder Werbefilmkampagne zahlt man knapp tausend Euro, zumindest bei einem der wichtigsten Wettbewerbe im deutschsprachigen Raum. Je einzelner Einreichung, wohlgemerkt. Wer also zwei Dutzend guter Spots, Anzeigen, Plakate und anderen Reklamekrempel präsentieren möchte, muss mit dem Gegenwert eines Kleinwagens in Vorleistung gehen – in der Hoffnung, dann auch tatsächlich einen Preis dafür abstauben zu können.

Macht man das, wenn man sich nicht sicher sein kann, zumindest mit einem der eingereichten Meisterwerke den Nagel auf den Kopf getroffen zu haben? Der Veranstalter einer dieser Kreativ-Wettbewerbe bringt diesen Verdacht auf seiner Webseite selbst auf den Punkt, indem er unter der Rubrik »Jury« mit folgender Überschrift überrascht: »Ihr schiebt euch die Preise doch gegenseitig zu.« Geniale Kommunikationsstrategie: Sprich den naheliegendsten Verdacht selbst aus und nimm Kritikern damit den Wind aus den Segeln! Wer das Schlechte benennt, muss ein Guter sein.

Sollten Sie, lieber Leser, selbst kreativ sein, schielen Sie also lieber nicht nach Auszeichnungen von Werbern für Werber. Die kennt außerhalb der Branche sowieso niemand. Also weder die Werber noch die Auszeichnungen. Werden Sie lieber professioneller Redner. Okay, die heißen mittlerweile auch »Speaker«, weil sie sich bei den Werbern einiges abgeschaut haben. Da brauchen Sie auch keine Auszeichnungen, jedenfalls nicht im klassischen Sinne. Es reicht, wenn Sie einen Bestseller geschrieben haben – oder irgendetwas, das sich straffrei so bezeichnen lässt. Das ist auch eine Form der Auszeichnung und hat einen ähnlichen Effekt wie ein Preisschild. Es soll Speaker geben, die die komplette Auflage ihres eigenen Buches gekauft haben, um einen Bestseller vorweisen und sich damit in ganz neue Höhen katapultieren zu können, genauer gesagt: ihre Auftrittsgagen. Kostet zwar auch den Gegenwert eines Kleinwagens, aber mal ehrlich: Welcher Speaker will sich schon mit einem Kleinwagen abgeben? Wer viel Blech redet, will eine anständige Blechkarosse fahren, mit großer Klappe für einen Kofferraum voll eigener Bücher – die gesamte Auflage, genau genommen, denn sonst hat den Schinken ja keiner gekauft.

Sollten Sie sich jetzt fragen, ob es im Businessbereich überhaupt noch eine seriöse Preisverleihung gibt, die ohne kommerzielle Hintergedanken Interesse an der Kür von Könnern hat, kann ich Sie beruhigen: Ja, so etwas gibt es. Leider sind aber auch dort die Gekürten manchmal eher frag- als preiswürdig. Ich bin vor ein paar Jahren im benachbarten Ausland aufgetreten, um eine solche Veranstaltung mit meinem Auftritt zu bereichern. Ein führendes Wirtschaftsmagazin hat da in Zusammenarbeit mit einer Unternehmensberatung und verschiedenen Hochschulen ein mehr oder minder wissenschaftliches System erarbeitet, um die Güte, Aussagekraft, Informationstiefe, Inhaltsaufbereitung und Transparenz von Geschäftsberichten zu bewerten. Der »Annual Report Award« wurde inzwischen bereits zigmal verliehen und prämiert die besten Geschäfts- und Nachhaltigkeitsberichte von börsen- und nicht börsennotierten Unternehmen des Landes sowie Jahresberichte von NGOs. Präsentiert wird das Ergebnis vor erlesenen Gästen und exklusiver Kulisse über den Dächern der Landeshauptstadt im Casino eines Gründerzeitprunkbaus, der mittlerweile vom Justizministerium genutzt wird. Da trifft das Wort Justizpalast wirklich zu. Die besten drei Publikationen je Kategorie werden bei der Veranstaltung ausgezeichnet.

Was mich bei den Recherchen für das Event etwas stutzig machte, war die nicht unerhebliche Anzahl von Preisträgern der Vorjahre, die mittlerweile pleitegegangen oder des Betrugs überführt worden waren. Da sind einige schräge Vögel auf die schiefe Bahn oder schlicht auf die

Idee gekommen, in Ermangelung blendender Geschäftserfolge einfach mit fingierten Fakten zu blenden. Der eigene Geschäftsbericht lässt sich schließlich am leichtesten manipulieren.

Der Begriff »Manipulation« ist übrigens aus dem Lateinischen abgeleitet. Zusammengesetzt aus *manus* (»Hand«) und *plere* (»vollmachen«) bedeutete es zunächst so viel wie »Behandlung mit einer Handvoll Kräutern«. Wenn also in Geschäftsberichten über Kraut und Rüben berichtet wird, werden Sie sich gewahr, dass dabei die blühende Fantasie ins Kraut schießen kann. Dagegen ist kein Kraut gewachsen. Was man da oft in der Hand hält, sind gar keine Kräuter, vor denen einem graut, sondern finstere Ränke.

Many mails a day
Keep the To-dos away

Wenn es früher im Betrieb etwas zu besprechen gab, traf man einfach die Betreffenden. Ohne Betreff, Vorlauf, Vorbereitung und Bestätigung. Heutzutage wird so eine Begegnung professioneller geplant und generalstabsmäßig vorbereitet. In den seltensten Fällen kann man einfach ein paar Leute zusammentrommeln, schnell auf den laufenden Stand bringen oder nach Lösungen zu aktuellen Problemen fragen.

Heute plärrt keiner mehr über den Flur, man möge gefälligst mal seinen Arsch rüberschwingen. Heute bekommt man eine Mail. Damit ist schon mal dokumentiert, dass jemand in Kenntnis gesetzt worden ist. Im Zweifelsfall kann sogar bewiesen werden, dass diese angekommen ist; gerade wenn der Empfänger sich nachträglich herauswinden will,

Den Blödsinn hier kenne ich schon...
Ich dachte, sie präsentieren uns
alternativen Blödsinn.

er habe von nichts gewusst und man habe ihm auch nie etwas geschickt. Was ungeschickt ist, wenn man es ihm unter die Nase halten kann. Ausgedruckt, dass man ihn ausdrücklich gebeten habe, Stellung zu beziehen! Nur gut, dass der elektronische Versand automatisch archiviert wird, damit nix versandet.

Ohne Intranet stünde heute keiner so richtig unter Strom. Intranet und Intrigant haben wahrscheinlich nicht ohne Grund sieben gleiche Buchstaben. Was an Möglichkeiten in einem intensiv genutzten Netz steckt, ist neben allerlei weniger Nützlichem hervorragend dafür geeignet, Mitarbeiter und Kollegen effektiv in den Wahnsinn zu treiben.

Das Werkzeug dazu ist in den meisten Firmen Outlook. Das heißt nicht etwa so, weil damit der Terminkalender oder der Posteingang besser aussehen, sondern weil der User damit dumm aus der Wäsche schaut! Jeden Tag kann man aus der eigenen Firma, gern auch vom Schreibtisch direkt gegenüber, E-Mails empfangen, die von sendungsbewussten Schreibern an möglichst viele Kollegen geschickt werden. Meist geht es darin um Abteilungsbelange, die höchstens eine Handvoll Leute betreffen, nicht verdutzte Dutzende im cc-Feld (von den entscheidenden drei im bcc ganz zu schweigen). Aber wer Arbeit vortäuschen, Vorschläge absichern oder Konfusion schüren will, schickt lieber zu viel als zu wenig. E-Mails sind ein ideales Vehikel, Geschäftigkeit zu simulieren.

Auch Sie, liebe Leser, könnten Ihre Kollegen doch mal irritieren, indem Sie Ihre Mails an mehr Adressaten verschicken als unbedingt notwendig. Machen Sie den Verteiler dabei ruhig öffentlich, sodass jeder sehen kann, wer sonst noch zu den Adressaten, also zum konspirativen Kreis der Wissensträger zählt. Eine zu kleine Empfängerliste wäre doch ein Armutszeugnis! Gewiss werden viele Empfänger rätseln, warum ausgerechnet sie die Mail erhalten haben, was Sie eigentlich von ihnen wollen oder worum es überhaupt geht. Dennoch werden die wenigsten darauf drängen, sich aus dem Verteiler löschen zu lassen. Das geht allein schon deshalb nicht, weil sie dem Geheimnis auf die Spur kommen möchten, warum sie bei einem Thema involviert sind, das beim besten Willen nichts mit ihrem Arbeitsbereich zu tun hat.

Wenn Sie sich einen richtigen Spaß erlauben wollen, schicken Sie zu gegebener Zeit einmal nach einer Nachricht sofort eine E-Mail hinterher, in der Sie die erstere zurückrufen und dazu auffordern, sie zu löschen. Ich schwöre Ihnen: Ab diesem Zeitpunkt werden Ihre Mails garantiert gelesen – selbst von den Ignoranten, die sonst gar nichts zur Kenntnis nehmen. Plötzlich sind Nachrichten hoch im Kurs, weil jeder Empfänger Angst hat, er könnte von Informationen auch wieder ausgeschlossen werden.

Sollten sich einige Empfänger von der Mailflut belästigt fühlen und um Unterlassung weiterer Mails bitten, können Sie das dennoch als Erfolg verbuchen. Sie wissen dann, dass Sie wahrgenommen werden. Mit einem eigenen Anliegen durchzudringen, wird ja immer schwieriger: Im Schnitt erhält jeder Mitarbeiter in Deutschland pro Woche 615 E-Mails und verbringt 15 Stunden damit, diese zu beantworten. Wöchentlich! Wenn das kein Rezept ist, Menschen zu ineffizientem Arbeiten zu verleiten und die Konzentration möglichst vieler Kollegen effektiv zu stören, bevor sie mit ihrer Zeit etwas Sinnvolles anfangen und womöglich die Latte höher legen können. Nichts stört Arbeitende effektiver, als wenn das E-Mail-Programm per Pop-up und/oder Benachrichtigungston signalisiert, dass gerade wieder eine Nachricht reingekommen ist. Die resultierende Ablenkung und Ineffizienz kostet Unternehmen deutschlandweit Milliarden.

Sie können Ihren Laden mit wenig Aufwand in die Knie zwingen, indem Sie fragwürdige Fragen gezielt ziellos an zahlreiche Kollegen schicken und so subtil Sabotage betreiben. Vielleicht finden Sie sogar Sympathisanten, die das Belanglosigkeiten-Bombardement allein aus sadistischer Genugtuung heraus gutheißen und es genießen, dass ungeliebte Kollegen damit noch mehr aus dem Arbeitsrhythmus gerissen werden als sie selbst. Geteiltes Leid ist doppelte Freud.

Neues hinterlistiges Imitieren

Jeder, der sich für wirkungsvolle Verkaufsförderung, werthaltige Personalführung, wunderbare Persönlichkeitsentfaltung, wandlungsfähiges Konfliktmanagement und wesentliche Führungskommunikation interessiert, hat schon einmal davon gehört: NLP. Kampfflugzeugpiloten unter den Lesenden mögen die Meinung vertreten, das sei die Abkürzung für »Notlandeplatz« – also ein Autobahnabschnitt, der als Behelfsflughafen genutzt werden kann. Der ist hier aber nicht gemeint, auch wenn es tatsächlich darum geht, bei anderen möglichst gut zu landen und auf Nummer sicher zu gehen, wenn man Angst hat, sonst auf die Schnauze zu fliegen.

NLP ist landläufig das Kürzel für Neurolinguistisches Programmieren. Auf vielen Veranstaltungen, die vor allem für Vertriebler gedacht waren und bei denen ich als Humorschaffender gebucht war, geisterten auch NLP-Coaches umher. Mit NLP, diesem schwer nach Wissenschaft klingenden Terminus, soll unter Neugierigen der Eindruck erweckt werden, dass bestimmte Vorgänge im Gehirn (deshalb »neuro«) mittels systematischer Handlungsanweisungen unter gekonnter Anwendung der Sprache (deshalb »linguistisch«) umprogrammiert werden könnten, um dem Gehirn störende Marotten ab- und gewünschte Reaktionsweisen anzugewöhnen. In der Umsetzung bieten Anwender, Trainer und Coaches hierfür einen Methodenmischmasch an Kommunikationstechniken zur Veränderung psychisch gesteuerter Abläufe an, die häufig aus verschiedenen Therapiekonzepten und Theoriemodellen zusammengebastelt sind. Das Ganze soll beispielsweise dazu dienen, andere besser zu verstehen, Schwung ins Leben zu bringen, eine richtigere Persönlichkeit zu werden, intensivere Gefühle zu erleben, große Träume zu verwirklichen und den inneren Schweinehund zu überlisten.

Entwickelt hat das Neurolinguistische Programmieren ein Mathematiker, der auch noch Informatik und Psychologie studiert hat, nämlich Richard Bandler. Er kooperierte dabei mit dem Anglisten und Linguisten John Grinder. Eine vielversprechende Kombination: Mathe ist nützlich, um herausfinden, auf was man zählen kann und womit man rechnen muss. Sprachforschung hilft, dass es einem die Sprache nicht verschlägt. Die beiden fragten sich in den 70er-Jahren, ob es bei den damals erfolgreichsten Psychotherapeuten nicht übereinstimmende Vorgehensweisen, Methoden oder Muster gäbe, zumindest aber mustergültige Kommunikationstechniken, die den großen Erfolg und die Effektivität dieser Therapeuten im Vergleich zu anderen erklärbar machen könnten. Gesucht war also des Pudels Kern, wie Menschen zu helfen sei, die auf den Hund gekommen waren. Wau, äh, wow! Die größten Wirkungsfaktoren wollten die beiden dann in einen eigenen Methodenkatalog extrahieren, um sie weitervermitteln zu können. Aus den gesammelten Ergebnissen und der systematischen Analyse von Sprache, Mimik und Gestik kreierten sie ihre Tools und bestückten ihren NLP-Werkzeugkasten mit therapeutischen Elementen in der Hoffnung, dass man die Leistungen von Spitzentherapeuten kopieren könne. Exzellenz zu erreichen, indem man sich erfolgreiche Strategien anderer aneignet, gilt sogar als Königsdisziplin im NLP. Dies bezeichnet man als »Modelling«. Macht Sinn: Models tragen ja auch Zeugs, das andere entworfen haben.

Es ging den beiden weniger um fachliche Kompetenz in den beteiligten Wissenschaftsbereichen als um kommunikative Fähigkeiten und zwischenmenschliche Verhaltensweisen. Die Hoffnung war, auf diese Weise Erfolge am laufenden Band produzieren zu können. Man muss nur ständig die richtigen Bauteile aufs Band legen und dafür sorgen, dass das Band nie leer wird, meint Band-leer, äh, Bandler.

Leider ist die Wirksamkeit von NLP bis heute nicht wissenschaftlich bewiesen, was nach einem halben Jahrhundert nicht unbedingt Anlass zur Euphorie gibt. Einige Kritiker lehnen die Methode sogar als unwissenschaftlich ab und bezeichnen sie als Bluff im New-Age-Gewand. Zumindest weiß man nicht, was bei der Anwendung tatsächlich auf neuronaler Ebene passiert. Bei genauerer Betrachtung hat das Ganze auch nicht viel mit Linguistik und Programmierung zu tun.

An der Popularität der Methode bei denen, die sie promoten, hat das selbstverständlich nicht das Geringste geändert. Gut möglich also, dass den Leserinnen und Lesern bei der einen oder anderen Tagung auch in Zukunft NLP-Coaches das Hirn verrenken mögen. Deshalb sollen nachfolgend einmal die wichtigsten Grundbegriffe aus den Hunderten von NLP-Vokabeln erklärt werden, damit Sie in Zukunft mitreden können.

Beim *Pacing* gleicht die Person, die etwas erreichen will, Verhaltensweise, Körpersprache, Mimik, Stimme und Sprache an die des Gesprächspartners an. Spricht das Gegenüber also Dialekt, spricht man auch Dialekt. Gibt sich der andere betont leger, labert man auch lieber locker vom Hocker als hektisch übern Ecktisch. Verliebte tun das im Übrigen intuitiv, zu beobachten beispielsweise in Cafés. Schlägt da ein Teil des Pärchens seine Beine übereinander, macht es das verliebte Gegenüber meist wenige Sekunden später ebenso, während beide fast zeitgleich am Espressotässchen nippen. Was auch einfach daran liegen könnte, dass man Espresso trinkt, solange er heiß ist. Aber auf solch banale Erklärungsversuche lassen sich NLP-Trainer erst gar nicht ein.

Pacing funktioniert dann gut, wenn der *Rapport* stimmt. Unter Rapport verstehen NLP'ler die positive Beziehung untereinander, die durch Vertrauen und eine Kommunikation auf Augenhöhe bei gegenseitiger Achtung hergestellt wird.

Das Imitieren beim Pacing dient natürlich nur dazu, anschließend ins *Leading*, also ins Führen, überzugehen: Nachdem das Gegenüber sich aufgrund all der Gemeinsamkeiten in Sicherheit wiegt, lässt es sich einfach leichter in die gewünschte Richtung schubsen – praktisch nicht zuletzt bei Verkaufsgesprächen und Verhandlungen.

Damit man sich nicht einfach treiben lässt beim Plausch, gibt es schließlich das *Ankern*. Der Begriff erinnert an Techniken, wie man über Wasser bleibt, ohne ins Trudeln zu kommen, also wie man's mit dem Boot schafft. Das ist hier aber nicht die primäre Botschaft. Hierbei geht es vielmehr darum, einen Reiz oder Auslöser zu setzen, der eine bestimmte beabsichtigte Reaktion auslöst. Viele Paare haben zum Beispiel »ihr« Lied, das sie an knisternde Episoden ihres Zusammenseins erinnert und ein Gefühl heißer Verliebtheit aufkommen lässt, selbst wenn man über die Jahre emotional schon etwas abgekühlt sein sollte.

Ankern funktioniert im Prinzip wie Klassische Konditionierung. Sie kennen vielleicht den Pawlow'schen Hund, der immer eine Glocke zu hören bekam, wenn man ihm Fresschen hinstellte. Nach einigen Fütterungen genügte das Glockengeräusch, um beim Hund Speichelfluss anzuregen, auch wenn der Fressnapf leer blieb. Beim NLP-Training bedient man sich ebenfalls solcher hündischer Gemeinheiten. Bevor man vor die Hunde geht, verknüpft man aber lieber schöne Erinnerungen des Kunden mit den eigenen Absichten. NLP-Trainer wollen das aber gar nicht an die große Glocke hängen und hoffen, dass einem trotzdem das Wasser im Munde zusammenläuft, wenn sie erzählen, was kommunikativ alles erreichbar sein kann. Da wird ja der Hund in der Pfanne verrückt!

Deshalb mein Tipp: Statt auf pseudopsychologische Methoden wie NLP sollten Sie lieber auf Pragmatisches setzen: einfach zuhören und auf die Bedürfnisse des anderen eingehen. Klingt weniger cool, steht nachweistechnisch aber auf stabileren Füßen. Und wenn es schon ein Psychologe sein muss, den Sie zurate ziehen oder zitieren wollen, rate ich Ihnen zu Marshall B. Rosenberg, ebenfalls ein amerikanischer Psychologe und Begründer der »Gewaltfreien Kommunikation«. Seine Idee war, so miteinander umzugehen, dass mehr gegenseitiges Vertrauen und größere Lebensfreude dabei herausspringen. Mit dem Wort »Rosenberg« kann man es ganz gut erklären. Ein Berg voller Rosen kann dornig sein und wehtun – oder ein duftes Blütenarrangement ergeben. Entweder es blüht einem was und man verduftet lieber, bevor es verletzend wird – schlimmstenfalls mit einem Dorn im Auge. Oder es ist ein Strauß voller Liebe, und man blüht selber auf.

Rosenberg wollte Letzteres erreichen: dass wir alle wertschätzende Beziehungen entwickeln, die mehr gemeinsame Aktivität und Kreativität im Zusammenleben ermöglichen. Manchmal nennt man die Rosenberg'sche Kommunikationsmethode auch »Giraffensprache«. Man soll sich also nicht zum Affen machen, sondern zur Giraffe, die den Hals nach mehr Überblick reckt. Die Giraffe ist das Symboltier der Gewaltfreien Kommunikation, weil der lange Hals für Weitsicht steht und Giraffen das größte Herz aller Landsäugetiere, also ein mächtiges Organ für Mitgefühl haben. Wenn man gemeinsam tierisch drauf sein will, sollte man einfach an die großen Paarhufer denken, um als Gesprächspaar großartig in die Hufe zu kommen.

Wer zuletzt kommt ...

So unterschiedlich Führungskräfte sein mögen, entdecke ich im Verhalten von Vorgesetzten auch immer wieder Gemeinsamkeiten. Dazu gehört zum Beispiel das Verstreichenlassen von Abgabefristen für Unterlagen zu Firmenpräsentationen, Reden zu Events und Powerpoints für Tagungen. Diese Unterlagen werden benötigt, um dem Publikum dieser Zusammenkünfte bunte Bilder, beeindruckende Diagramme und einprägsame Charts zeigen zu können, die die Vorträge untermalen und aufpeppen. Unzählige Male stand ich am Rande der Bühne, neben mir Mitarbeiter ebenfalls am Rande – allerdings dem der Verzweiflung, während sie versuchten, die jüngsten Änderungen, Ergänzungen und Eingebungen ihrer Vorgesetzten in letzter Sekunde in die Präsentation einzupflegen.

Alle diese Veranstaltungen stehen wohlgemerkt Monate zuvor fest im Terminkalender. Es werden von den Leuten aus der Event- oder Marketingabteilung auch durchaus konkrete Fristen gesetzt, bis wann die jeweiligen Beiträge abgeliefert sein müssen. Man nennt diese Fristen manchmal sogar »Deadlines«, in der Hoffnung, der säumige Zulieferer möge Angst bekommen, mit dem Tode bestraft zu werden, wenn er nicht termingerecht liefert. Aber selbst die sprichwörtliche »Galgenfrist« als absolut unaufschiebbarer allerletzter Ablaufzeitpunkt zur Abgabe, so zeigt die Praxis, schließt das eingeräumte Zeitfenster nicht wirklich. Hier liegt der Unterschied zum Zeitungsjournalismus, wo der Begriff »Deadline« erstmalig auftauchte. Dort musste zu Druckendes früher tatsächlich irgendwann gesetzt sein, weil sonst im Rotationsdruck einfach weiße Leerstellen erschienen wären. Der weise Redner bei Firmenveranstaltungen hingegen ist sich sehr wohl der Tatsache bewusst, dass er alle unter Druck setzen und ins Rotieren bringen kann, um das Unmögliche doch noch möglich zu machen.

Fälligkeit heißt nur, dass die Veranstaltungsorganisatoren fällig sind, wenn der Beamer statt einer vom Redner angekündigten Illustration einfach nur eine leere Seite an die Wand wirft. Zumindest würde es ein schlechtes Licht auf sie werfen und das Auditorium enttäuschen. Niemals fiele der Leere-Seiten-Lapsus auf den Redner zurück, son-

dern immer auf die, die offensichtlich zu fahrlässig waren, die Präsentation noch einmal zu checken.

Warum es zu solchen Überschreitungen der Abgabefristen überhaupt kommt, ist mir schleierhaft. Immerhin haben die, die Reden über ihre Firmen halten sollen, dank datengesteuerter Geschäftsprozesse Zugriff auf ein komfortables Datenmanagement und deshalb immer alle Ziele, Zahlen und Veränderungen im wahrsten Sinne des Wortes auf dem Schirm. Keiner muss mehr lange analysieren, nachrechnen und in Unterlagen blättern; ein Klick – und fertig. Copy and paste, schon ist die Präsentation geritzt. Selbst grafisch ansprechende Torten- und Balkendiagramme in 3-D-Optik sind nahezu ohne Mehraufwand auswählbar. Der Computer gestaltet quasi von selbst alles in beliebigen Farben, passend zum jeweiligen Corporate Design, wenn die richtige Vorlage herangezogen wird. Wie kommt es also dazu, dass man trotzdem nicht rechtzeitig fertig wird?

Ich glaube, es hat damit zu tun, dass man andere gerne zappeln lässt, wenn man glaubt, selbst der große Zampano zu sein. Jemanden lange auf etwas warten zu lassen ist eine Art Wichtigkeitsbeweis im Unternehmen: Wer am spätesten abliefern darf, ohne gemaßregelt zu werden, ist König im Reich der Gehetzten. Das hat ja monarchische Tradition, dass diejenigen, die einen Hofstaat anführten, als Letzte den Saal betraten, während alle anderen vorzeitig zu erscheinen und gefälligst zu warten hatten. Okay, die Aristokratie ist abgeschafft, aber Audienzen gibt es noch immer. Man denke nur an die Schwierigkeiten bei einer Terminvereinbarung mit dem Papst.

Für viele Vorgesetzte ist ihr Job auch eine Art Religion: Entweder man glaubt ihnen, oder man muss dran glauben. Der Papst lässt bei Audienzen übrigens wirklich seine

Schäfchen warten, selbst wenn es sich um hochrangige Firmenlenker handelt. Das verriet mir ein Vorstandsvorsitzender, dem diese ungewohnte Ehre des Wartens zuteil wurde.

Im Vatikan werden Besucher von Vertretern der Schweizergarde, also des päpstlichen Militärkorps, und vom Präfekten, einer Art Privatsekretär des Religionsoberhaupts, in Empfang genommen und in verschiedene Räume geführt. Der Heilige Vater geht dann huldvoll, nicht hastig, von Raum zu Raum, wo die Teilnehmer von Audienzen eine geraume Zeit warten. Der Letzte muss warten, bis der uneilige Vater mit allen anderen fertig ist. Gott sei Dank hat der Papst nicht auch noch Powerpoint-Folien zu zeigen, die er seinem Präfekten auf den letzten Drücker aufs Auge drückt. Folien wären ohnehin völlig unangebracht; schließlich geht es beim Pontifex um Transzendenz, nicht um Transparenz.

Zu Hause arbeiten!
Home? Oh, fies!

Wissen Sie noch, wie wir vor der Corona-Krise damit liebäugelten, die Vorzüge des Homeoffice mal ausprobieren zu dürfen? Was heißt ausprobieren, auskosten wollten wir sie, diese Vorzüglichkeiten, Freiheiten und Freizügigkeiten der Heimarbeit. Von wegen Arbeit! Ab und zu mal auf den Bildschirm schauen, ansonsten das Dolce Vita im trauten Heim genießen, das war unser Traum.

In der Vorvirenzeit stellten wir uns das Latte-macchiato-versüßte Notebook-Getippe am gemütlichen Wohnzimmertisch als den Himmel auf Erden vor; zumindest besser als die Hölle des üblichen außerhäuslichen Erwerbslebens. Kein Zähneputzen wäre mehr nötig, kein Waschen, kein frisches Hemd und keine saubere Hose, kein nervenaufreibender Berufsverkehr, kein Chef, der einen anschnauzt, kein Abteilungsleiter-Gelaber, kein stickiges, lautes Büro, kein miesepetriger und müffelnder Kollege. So meinte man, die Arbeit zu Hause mit links leisten zu können.

Deshalb haben in vielen Branchen Arbeitnehmer schon vor Corona darum gerungen, mal von zu Hause aus arbeiten zu dürfen, wie eine Studie des Deutschen Instituts für Wirtschaftsforschung vermeldete. Besonders weit klaffte das Missverhältnis zwischen Heimarbeitswunsch und Genehmigungswirklichkeit übrigens bei Banken, Versicherungen und in der öffentlichen Verwaltung, weil dort »offensichtlich noch in besonderem Maße personalpolitische Dinosaurier aktiv« waren, wie der Autor der Studie und Arbeitsmarktexperte Karl Brenke mutmaßte. Die Studie verwies zudem darauf, »dass Beschäftigte, die auch zu Hause arbeiten können, zu einer größeren Arbeitszufriedenheit neigen«.

Der typische Tyrannosaurus-Arbeitgeber im bissigen Finanz- und Versicherungsbusiness mochte aber nicht, dass es den Angestellten zu gut geht. Was dumm war, denn entgegen den Mutmaßungen der wahrscheinlichkeitsrechnungerprobten Zahlenfüchse arbeitet man im Homeoffice im Durchschnitt 48,5 Minuten länger als im Büro. Das haben zumindest Studien der Harvard Business School während der Pandemie ergeben.

Während man hierzulande als abhängig Beschäftigter trotzdem abgehängt war von den Annehmlichkeiten der Arbeit im trauten Heim, trauten sich andere Länder schon vor Corona mehr. In den Niederlanden hat man sogar einen Rechtsanspruch darauf, in den eigenen vier Wänden werktätig werden zu dürfen. In Schweden arbeitet nahezu jeder

Vierte ab und an zu Hause, nicht nur am Zusammenbau von Ikea-Regalen. Auch hierzulande gaben immerhin satte 40 Prozent der Arbeitnehmer an, dass sie hungrig aufs Homeoffice seien. Aber Arbeitgeber und -nehmer machten sich bis 2020 das Geben und Nehmen eher schwer bei der Gestaltung flexibler Arbeitszeitmodelle, die beiden Seiten behagen. Lieber beharkte man sich.

Vielleicht hätten Führungskräfte damit anfangen müssen, zu Hause zu bleiben. Das wäre sicher gut fürs Betriebsklima und für die Produktivität in den Betrieben gewesen, wenn niemand ständig von oben dazwischenquatscht.

Dann kam Corona und damit die wochenlangen Ausgangsbeschränkungen, die Werktätige zu alternativlosem Hausarrest mit Familienanhang verdonnerten. Wie sah die Wirklichkeit im Virenalltag aus? Man kam nicht nur aus dem Stau raus, also dem Weg zur Arbeit, sondern auch nicht mehr aus dem Staunen. Denn statt im Verkehr stand man plötzlich frühmorgens schon mitten im Leben. Das »Institut zur Zukunft der Arbeit« (IZA) fand mittels Messung der Arbeitsleistung von 10.000 Mitarbeitern eines IT-Unternehmens sogar heraus, dass im Homeoffice derselbe Output entsteht wie im Büro, nur mit 30 Prozent mehr Zeitaufwand. Okay, die Ergebnisse stammen aus Japan. Aber schauen Sie sich mal zu Hause um, bevor Sie da arbeiten. Da kann man auch bei uns ja panisch werden. In der pandemischen Realität saß man unter Umständen nämlich nicht im gemütlichen Wohnzimmer, weil das bereits die Lebenspartnerin oder der Lebenspartner als Arbeitsstätte auserkoren hatte. Man hockte auch nicht am Küchentisch in Kühlschranknähe mit insbierierendem Inhalt, weil dort vorrangig die Bildung der Kinder Schule machen musste.

Meistens verkroch man sich dahin, wo man irgendwie

halbwegs in Ruhe arbeiten konnte, nämlich in den Abstellraum oder in den Hobbykeller. Hätte man sich woanders in der Wohnung aufgehalten, wäre man keinesfalls in neue Phasen der Selbstoptimierung getreten, sondern in Legosteine oder Schmutzwäsche. Statt auf die innere Stimme lauschen zu können, hörte man in Kinderzimmernähe das meschuggemachende Bassgewummer der pubertierenden Pennäler aus Bluetooth-Boxen. Statt zwischen Netflix und Networking hin- und herzuswitchen oder nach dem Gejammer des Chefs eine längere Yogasession einzulegen, verbrachte man zu viel Zeit in virtuellen Businessmeetings und mit E-Mails. Auch das hat die Harvard Business School ermittelt.

Anders als vorgenommen, saß man nicht täglich auf dem Hometrainer, sondern beim Homeschooling, und kam nicht durch Fitness ins Schwitzen, sondern durch Matheübungen. Hielt mancher das schulische Lehrpersonal vor Corona für überbezahlte Halbtagskräfte mit beschränkter Heftung, wäre man im Frühsommer 2020 dankbar gewesen, wenn die sich wieder um die Kinder gekümmert hätten. Viele berufstätige Homeoffice-Eltern wollten den eigenen neunmalklugen Nachwuchs am liebsten achtkantig rauswerfen, weil der alles versiebte, nur Sexwitzchen im Kopf hatte, alle Fünfe gerade sein lassen und sich nicht auf seine vier Buchstaben setzen wollte, um einen Dreisatz ohne zweifelhafte Einwände in Nullkommmanix auszurechnen. Deswegen heißt das wahrscheinlich »Aufgaben«, weil da immer welche beim Rechnen aufgaben.

Aber wir schaffen das, dachten sich viele Eltern. Das hatte ja auch die damalige Kanzlerin schon mal gesagt: Wir schaffen das. Wenn das Jahre zuvor bei der Flüchtlingskrise gegolten hatte, dann ja wohl auch in Zeiten der Flüchtigkeitsfehler. Wir schaffen das! Ein kurzer Satz mit drei Wörtern. Ein Dreisatz sozusagen. Ein Dreisatz ist eine Gleichung, also eine Parabel oder Kurve, die nach oben offen ist, habe ich meinem Sohn damals erklärt. Wenn etwas offen ist, dann gibt es kein Ergebnis, weil eben offen bleibt, was dabei rauskommt. Mit so einer diffusen Kurvendiskussion hatte mein Sohn nicht gerechnet.

Unter dem Strich ermöglichte das Corona-bedingte Homeoffice uns nicht nur Einblick in kindische Hausaufgaben und andere mehr oder weniger vorhandene Kindergaben, sondern man beschäftigte sich zunehmend auch mit Angelegenheiten aus dem Alltag der häuslichen Lebensgemeinschaft. »Zunehmend« ist wörtlich gemeint, muss also richtig gewichtet werden. 37 Prozent der Homeoffice-Geplagten haben in den Zeiten des Stubenhockens laut einer Umfrage des TÜV-Verbandes an Gewicht zugelegt. Das war ja stets eine der großen Sorgen während der Pandemie: dass das dicke Ende noch kommt.

Wäre es nur bei den paar Kilos geblieben. Schwerer wog die psychische Belastung. Jeder achte Befragte fühlte sich weniger beachtet, trotz Befragung. Die Isolation führte zu Erschöpfung und Gereiztheit. Vielleicht sollten wir es deshalb anders machen als belgische Beamte, die seit 2022 das »right to disconnect« haben, also das Recht auf Nichterreichbarkeit. Als ich das las, dachte ich, die wollen einen auf den Arm nehmen. Beamte sind doch schon während der Arbeitszeit in der Amtsstube so gut wie nicht ansprechbar. Angebrachter nach der Erfahrung mit Einsamkeit und Ausgangssperre wäre statt »Disconnecten« ein »Right to neck« – also dass man nicht auf den Arm, sondern in den Arm genommen wird.

II. WERTE

Werte: Ein Roundtable-Gespräch

Wertschätzung besteht aus zwei Teilen: Wert und Schätzung. Beginnen wir auch dieses Kapitel mit den Gedanken kluger Köpfe, die, weil ich schon das Wort Wertschätzung in zwei Teile gerissen habe, ebenfalls aus dem Zusammenhang gerissen zitiert werden. Ich stelle Fragen voran, die niemals gestellt worden sind, um zu beweisen, das nicht nur Fotos gestellt wirken können, sondern auch Formulierungen.

Dennoch wird man feststellen können, dass es das wert war. Um Werte geht es ja.

Frage: »Wert« ist sowohl ein philosophischer Grundbegriff als auch ein Terminus der Mikroökonomik. Wirtschaftlichen Wert können dabei nur Güter haben, die knapp sind, also nicht beliebig verfügbar. Man spricht von Gebrauchswert und Tauschwert. Woran bemisst sich ein konkreter Wert genau?
Oscar Wilde: »Heute kennt man von allem den Preis, von nichts den Wert.«

Frage: Verstehe! Wert ist ein Synonym für die Wichtigkeit eines Gutes, es muss also einen Nutzen haben für die Befriedigung eines Bedürfnisses, oder?
Leo Tolstoi: »Je mehr du eines deiner Bedürfnisse befriedigst, umso stärker wird es, und je weniger du es befriedigst, umso weniger macht es sich geltend.«

Frage: *Das heißt, je weniger ich von einem Wert Gebrauch mache, um so mehr wird er wert? Wer den Zugang zu einem Wert verwehrt, wehrt die Entwertung ab?*
Molière: *»Die Dinge haben nur den Wert, den man ihnen verleiht.«*

Frage: *Wie kann man denn wissen, ob etwas wertvoll wird oder wann etwas am wertvollsten ist? Kann man einen Wert überhaupt erhalten?*
Paulo Coelho: *»Ein Schiff ist sicherer, wenn es im Hafen liegt. Aber dafür werden Schiffe nicht gebaut.«*

Frage: *Werte sind so wichtig. Gibt es einen Königsweg, wie man sie umsetzen kann?*
Hannibal Barkas: *»Entweder werden wir einen Weg finden, oder wir machen einen!«*

Management by …

Wie oft schon wollten Werktätige blödem Boss-Blabla Byebye sagen? Im Mutterland der mustergültigen Managementmethoden, den USA, hat man deshalb etliche Konzepte ersonnen, wie man Führungsverhalten so griffig formulieren kann, dass jeder Mitarbeiter weiß, was Sache ist.

Diese sogenannten »Management by«-Konzepte funktionieren in der Theorie wie ein Steuerrad für den Steuermann, mit dem die Richtung eindeutig eingeschlagen werden kann. Vorgesetztenvorstellungen über das richtige Anpacken von Aufgaben und Mitarbeiterverhalten können so in Übereinstimmung gebracht werden. Mustergültige Methoden werden dabei in der Regel aus der täglichen Führungskräftepraxis abgeleitet. Da jeder Manager aber andere Vorlieben hat und seine Führungstechnik intuitiv für die beste hält, wimmelt es nur so von »Management by«-Optionen. Beim »Management by Objectives« beispielsweise zählt nur, was man messen kann; beim »Management by Results« hingegen, was unterm Strich dabei rauskommt. »Management by Exception« bedeutet viel Freiraum für die ganz unten in der Hierarchie. Sollte das in einer Krise enden, hilft das »Management by Crisis«, über neue Strukturen nachzudenken. Vielleicht führt das ja zu einem »Management by Systems«. Besser aber für Führungskräfte wäre ein systematischer Wechsel zum »Management by Delegation«. Dann muss man sich in Zukunft um den ganzen Krempel gar nicht mehr selbst kümmern. Das klappt zumindest dort ganz gut, wo »Management by Motivation« umgesetzt wurde. Lassen sich die Leute allerdings nur durch schnöden Mammon motivieren, sollte man sie vom »Management by Participation« überzeugen; dann engagieren sie sich auch ohne teure Prämien. Dazu brauchen die Leute aber Einblick in den Sinn und Zweck des ganzen Unternehmens. »Management by Information« hilft dabei. Und wenn dann trotzdem alles aus dem Ruder läuft, herrscht am Ende eben wieder »Management by Control and Direction«. Besser noch, man installiert ein »Management by Decision Rules«. Dann braucht jeder nur im Regelwerk nachzublättern, was zu tun ist, wenn mal wieder keiner weiß, was eigentlich los ist.

Einprägsamere und plausiblere »Management by«-Klassifikationen als in der BWL-Literatur stammen nicht von Führungskräften, sondern von den Geführten und Vorgeführten. Der Mitarbeitermund ist eine unerschöpfliche Quelle an kreativen neuen Beschreibungen der tatsächlich praktizierten Führungstechniken. Mit vorzüglichem Hintersinn hat man so den etablierten Methoden noch ein paar hinzugefügt, zum Beispiel »Management by« ...

- Almhütte: Hoch oben angesiedelt, aber nix auf Dauer.
- Asparagus: Wer den Kopf herausstreckt, der wird abgestochen.
- Babysitter: Gehört wird der, der am lautesten schreit.
- Bonsai: Jede neue Initiative der Mitarbeiter wird beschnitten.
- Champignon: Im Dunkeln lassen und helle Köpfe abschneiden.
- Cowboy: Alles abgrasen und dann weiterziehen.
- Dezibel: Durch Lautstärke überzeugen, nicht durch Argumente.
- Dübel: Schnell reinquetschen und sich breit machen.
- Efeu: Kriechend über sich selbst hinauswachsen.
- Egg: Sorgfältig behandeln und dann doch in die Pfanne hauen.
- Fallobst: Wenn Entscheidungen reif sind, fallen sie von selbst.
- Friedhofsgärtner: Viele Leute unter sich, aber keiner reagiert.
- Gänseblümchen: Entscheidungen à la »Soll ich, soll ich nicht?«
- Helikopter: Staub aufwirbeln und schnell wieder verschwinden.
- Herodes: Geeigneten Nachfolger suchen und ihn dann feuern.
- Jeans: An wichtigen Stellen sitzen Nieten.
- Katze: Pfoten auf den Tisch und dann auf die Mäuse warten.

- Känguru: Große Sprünge mit leerem Beutel machen.
- Moses: Ab in die Wüste und auf ein Wunder hoffen.
- Nilpferd: Auftauchen, Maul aufreißen, untertauchen.
- Orgel: Die lautesten Töne spucken die größten Pfeifen.
- Partisan: Falsch informieren, damit Ziele unklar bleiben.
- Pinguin: Grundfarbe schwarz, weiße Weste, steht auf wackeligen Füßen. Hervorragend beim Abtauchen.
- Pingpong: So lange zurückgeben, bis es ins Aus gerät.
- Potatoes: Rein in die Kartoffeln, raus aus den Kartoffeln.
- Robinson: Auf Freitag warten.
- Sanduhr: Durchlassen und auf eine Wende warten.
- Sausage: Alles ist wurscht und jeder gibt seinen Senf dazu.
- Schaukelpferd: Ständig in Bewegung sein und doch nicht weiterkommen.
- Surprise: Von den Folgen des eigenen Tuns überraschen lassen.
- UNOX: Nach Gutsherrenart.
- Zahnrad: Der Oberste macht nur eine kleine Drehung, und die Untersten geraten voll ins Rotieren.
- Zwiebel: Einfach zum Heulen.
- Zitronenpresse: Mit Druck mehr herausholen und ausquetschen.

Man sieht an diesen By-Spielen, wie bösartig By-träge von Mitar-by-tern sein können.

Warum Whistleblower die Wissensweitergabe lieber abblasen sollten

Auf Kritik kann man pfeifen. Denken sich zumindest viele Unternehmer, wenn Untergebene Unterlassungen und Untaten im Unternehmen an die große Glocke hängen wollen. Kritik passt in der Vorstellung von Vorständen besser in die Kategorie Philosophie als Ökonomie. Da gab es doch diesen Königsberger Denker namens Kant, der mit Kritik groß rauskommen wollte. Seither hat sich nicht viel verändert: Noch heute fliegt man mit zu viel Kritik hochkantig raus.

Und seien wir ehrlich: Aus Königsberg sind die Klopse bekannt, nicht Kant. Man muss ja auch bekloppt sein, wenn man Kritik übt. Denn üben heißt nicht überlegen sein, auch wenn man viel überlegt hat. Übung macht zwar den Meister, aber wer schon einen Meistertitel hat oder in der Hierarchie weit oben ist, will von Kritik nix wissen, solange sie von unten, sprich einem Gesellen kommt, zu dem sich dann keiner mehr dazugesellen mag. Oder schlimmer noch: Belehrende Kritik vom Lehrling, der sich etwas auf sich einbildet, statt sich ausbilden zu lassen.

Linkisch ist, wer recht haben will oder Rechtsverstöße petzt. Egal, ob man aufs Recht oder auf Links verweist, wie es die Plattform WikiLeaks tut: Verweise auf Webseiten, auf denen Whistleblower Geheimes und Gemeines der Allgemeinheit zukommen lassen. Was im Allgemeinen den Enthüllern nicht gut bekommt. Denn Enthüllen heißt ja nichts anderes, als dass ein anderer bloßgestellt wird. Edward Snowden hat für die Wahrheit sein Haus auf Hawaii und 200.000 US-Dollar Jahresgehalt sausen lassen, um jetzt versteckt an einem geheimen Ort in Russland zu leben. Ein Boeing-Ingenieur, der der Luftsicherheitsbehörde mitgeteilt hat, dass die Qualitätsnormen bei Zulieferern des Mittelstreckenjets 737 Max nicht überprüft worden sind, bekam keine Belohnung, sondern darf jetzt in einer schlechteren Position arbeiten.

Die Agentur Global Business Ethic Survey hat herausgefunden, dass 36 Prozent aller Arbeitnehmer, die Verstöße gegen geltendes Recht in ihren Betrieben gemeldet haben, anschließend mit »Vergeltungsmaßnahmen im beruflichen Umfeld« abgestraft worden sind. Und das ist nur die Spitze des Eisberges. Die, die sich (wie beim Eisberg) unter der Oberfläche befinden, denen fehlt ja schon bald die Luft zum Atmen. Von denen hört man dann auch nichts mehr. Womit man also als Tippgeber rechnen kann, ist Rache statt Dankbarkeit. Was man von solchen Leuten hält, sieht man daran, dass sie nicht als Held, sondern als Petzer und Nestbeschmutzer gelten. Da fragt sich, wer einen Vogel hat.

Zwar sind alle einhellig dafür, dass Bestechung und Betrug, Vorteilsnahme und Vetternwirtschaft ein Ende haben, aber schlussendlich gelten mutige Menschenfreunde als fiese Verräter. Selbst die EU-Justizkommissarin Vêra Jourová hat zu Protokoll gegeben, dass Whistleblower »in der Praxis für ihren Einsatz oftmals mit ihrem Arbeitsplatz, ihrem Ruf oder sogar mit ihrer Gesundheit bezahlen«. Gut, mit dem Letzteren hat sie ein bisschen untertrieben; sind doch erst kurz vor ihrem Statement zwei Journalisten auf Malta und in der Slowakei ermordet worden, die versickerten Fördergeldern auf der Spur waren und Subventionsbetrug aufdecken wollten.

Anders als in den USA, wo Hinweisgeber schon seit Längerem üppige finanzielle Belohnungen erwarten dürfen, hat sich die Europäische Union erst jetzt dazu durchgerungen, den Verstößen gegen EU-Recht nicht länger rat- und tatenlos zuzusehen. Nein, man will sich einen Teil des Subventionsbetrugschadens wieder holen, ohne zu wiederholen, was man mangels Vorstellungsvermögen hinsichtlich grassierender Fördergeld-Erschleichungsfantasien in der Vergangenheit an Fehlern gemacht hat. Allein das wären bis zu zehn Milliarden Euro – die Korruptionskosten nicht mitgerechnet, die sonst noch anfallen, ohne bislang aufzufallen.

Betriebe mit mehr als 50 Mitarbeitern oder einem Jahresumsatz über 50 Millionen Euro müssen ein internes Meldewesen einrichten. Wenn das nix ausrichtet, darf sich der Whistleblower nach drei Monaten Funkstille an zuständige Behörden oder die Medien wenden. Wenn er bis dahin nicht schon aufgeflogen ist oder den Gepflogenheiten seines Arbeitgebers gemäß gerupft worden ist. Aber keine Angst: Laut EU sollen Repressalien geahndet werden. Ich ahne schon, dass das nichts wird, zumal die EU sowieso nur Handhabe bei Verstößen gegen EU-Recht hat. Was gegen nationales Recht verstößt, muss ihr wurscht sein. Und damit ist der ganze Vorschlag Käse. Deshalb hat man wohl auch exakt die Grenze von 50 Mitarbeitern und 50 Millionen Umsatz gewählt. Passt exakt zu den falschen Fuffzigern, die einem durch die Lappen gehen.

Also, liebe Whistleblower: Auch in Zukunft gehört viel Mut dazu, sein Enthüllungsvorhaben nicht abzublasen.

Compliance macht es Komplizierter

Compliance ist das, was alles kompliziert macht. Ergebnisse sollen bestechend gut sein, ohne dass Bestechung im Spiel ist. Wörtlich genommen ist Compliance eigentlich nichts anderes als Regeltreue.

Weil es aber gar nicht so einfach ist, sich an Spielregeln zu halten, gibt es hierzulande sogar eine Regierungskommission namens »Deutscher Corporate Governance Kodex«. Der erste Kommissionsvorsitzende dieser komischen Kommission war Gerhard Cromme, der damals auch den Posten des Aufsichtsratsvorsitzenden der ThyssenKrupp AG bekleidete. Und trotz des Bekleidens hier ein paar nackte Fakten dazu: ThyssenKrupp war während Crommes Doppelvorsitz an mehreren krummen Geschäften und Kartellen beteiligt, die auch ohne Compliance-Kenntnisse einfach nur kriminell waren – auch wenn die Jungs im Anzug ganz bestimmt einfach nur kriminell gute Deals einfädeln wollten. Zumindest erhoffte man sich, umsatzmäßig schneller nach oben zu kommen. Deshalb musste allein ThyssenKrupp Elevators (die Sparte, die Aufzüge baut) 480 Millionen Euro Bußgeld zahlen. Wahrscheinlich dank Crommes Einfluss wurde die Strafe dann auf 319,78 Millionen reduziert. Der »Vereinigung der Aufsichtsräte in Deutschland«, kurz VARD, hat das alles irgendwann gewaltig gestunken. Kein Wunder, Vard und Fart klingt ja auch sehr ähnlich. Die phonetische Nähe lässt vermuten, dass die gerne einen fahren lassen – gerade, wenn es um Aufzüge geht, deren Kosten zum Himmel stinken. Jedenfalls hat VARD Cromme den Rücktritt vom Amt des Aufsichtsratsvorsitzenden nahegelegt, da er rein gar nichts gegen die Machenschaften seiner Vorstände und Topmanager unternommen hatte und sein Umgang mit Skandalen im eigenen Hause »ein falsches Bild auf jene Aufsichtsräte werfe, die mit großer Ernsthaftigkeit und Glaubwürdigkeit versuchen, gute Unternehmensführung zu praktizieren«. Dass so ein stattlicher Kompromittierer einer staatlichen Kommission vorsitzen darf, die die Einhaltung gesetzlicher Bestimmungen und unternehmensinterner Richtlinien garantieren soll, die in der Verantwortung von Vorständen liegen, wurde als Glaubwürdigkeitsproblem eingestuft, weil man befürchtete, dass diesem Vorsitzenden, und damit der ganzen Kommission, niemand mehr glauben würde.

Andererseits: Was soll eine Kommission auch schon bewirken? Kommen und missionieren? Jede Art von Mission betrifft letztendlich Glaubensfragen. Gutmenschentum können die nicht fördern, auch nicht fordern. Sie können nur auf die Einhaltung gesetzlicher Regelungen hoffen sowie Empfehlungen aussprechen (Soll-Vorschriften) und Anregungen geben (Kann-Vorschriften). Wenn eine Kommission eine Vorschrift aber selbst als Kann-Vorschrift bezeichnet, ist klar, dass man sich daran halten kann, aber nicht muss. Die Botschaft dahinter liegt auf der Hand: Verantwortungsvolle Vorstände sollen gefälligst Kapital anhäufen, egal, wie. Das ist eine Muss-Vorschrift und kein Wunsch, darum sagt man ja Kapitalismuss und nicht Kapitaliskann!

Die meisten haben es auch kapiert. Würden es Topmanager anders halten, würden sie ja alt aussehen, und das wäre nicht lustig. Deswegen darf es nicht überraschen, dass ausgerechnet die Beratungsgesellschaft mit dem Namen Ernst & Young eine Studie zum Thema Ethik veröffentlicht hat. Denn bei dem Thema wird es wirklich ernst, gerade bei den Jungen. Über viertausend Entscheidungsträger aus Unternehmen in 41 Ländern hat man befragt. Ein Viertel der jungen Befragten zwischen 25 bis 34 Jahren billigt im Schnitt (quer durch alle Länder betrachtet) Schmiergeldzahlungen, um Aufträge am Laufen zu halten oder neue zu bekommen.

Ja, aber doch nicht in Deutschland? Doch! Bevor man hier der Angeschmierte ist, schmiert man auch hier lieber selber, und nicht nur die Jungen. 23 Prozent der deutschen Manager gaben an und zu, dass sie nicht nur ab und zu für die eigene Karriere oder bessere Bezahlung lieber auf die Ethik pfeifen als aus dem letzten Loch. Damit liegen sie deutlich über dem Mittelwert in Westeuropa. Der liegt bei 14 Prozent. Aber mittelmäßig will der deutsche Durchstarter ja keinesfalls sein. 10 Prozent können sich sogar vorstellen, die Firmenleitung anzuschwindeln, wenn sich Vorteile daraus ergeben.

Noch leichter ist das natürlich, wenn man selbst die Firmenleitung ist. Muss man sich ja nur in die eigene Tasche lügen. Die kennt man ja schon inwendig, um herauszufinden, wie man sie sich mit Geld vollstopfen kann. Dass im Schnitt weltweit 52 Prozent der Manager davon ausgehen, dass Korruption vorherrscht, verwundert da nicht mehr.

Das Prinzip kennt man vom Urlaub in fernen Ländern: Ohne Scheinchen hie und da bekommt man weder einen schönen Platz im Restaurant noch sonst eine Möglichkeit, an spezielle Angebote heranzukommen. Wer so tut, als herrsche keine Not, notfalls mit Geldnoten den Verteilungskampf für sich zu entscheiden, will entweder nur den Schein wahren oder tut scheinheilig. Bakschisch ist das eine, aber Beschiss das andere. Dass Entscheidungsträger

Compliance?
Was soll das sein?

bei der Arbeit in der wohlhabenden deutschen Heimat keinen Schiss haben, Backpfeifen zu bekommen, wenn sie schmieren, damit es wie geschmiert läuft, besticht durch Dreistigkeit. 43 Prozent der deutschen Manager meinen, Bestechung in der Republik sei an der Tagesordnung.

Und das alles trotz der großen Wellen, die vor Jahren die Korruptionsaffäre bei Siemens schlug. Hätte doch niemand geglaubt, dass man auf diese deutsche Vorzeigefirma mal mit dem Finger zeigt, wenn es um Vorteilsnahme und Korruption geht. Immerhin warben die für ihre Elektrogeräte mit dem Slogan: Wir gehören zur Familie. Also sozusagen zum Haushalt. Und Haushalt hat mit Geld zu tun, das weiß jeder Politiker, der mal Geld verteilt hat. Warum soll da nicht auch mal was zurückkommen? Ein bisschen was von dem Haushalt hat Siemens halt abgezweigt für ganz besondere Familienmitglieder. Als das aufflog, hat man sofort Besserung gelobt, und Siemens wollte rasch Vollzug melden. Das hat halb Deutschland dann auch zu spüren bekommen. Plötzlich blieben damals überall im Lande Züge stecken. Siemens hat offenbar nicht mal mehr die Antriebsachsen der neu ausgelieferten Triebfahrzeuge geschmiert.

Mehr Schein als Sein

Was ich nie verstanden habe, ist, warum Firmen ein Unternehmensleitbild brauchen. So als müssten sich die Mitarbeiter einer Firma stets vergewissern, was sie da eigentlich den lieben langen Tag tun, und vor allem: warum. Eigentlich sollte es doch genügen, stillschweigend davon auszugehen, dass man sich an Gesetz und gute Sitten hält und die Menschenrechte akzeptiert. Dann bräuchte man schon kein eigenes Leitbild mehr. Man will aber wohl noch eins draufsetzen beziehungsweise hinhängen. Denn viele Leitbilder hängen ausgedruckt in Gängen und Fluren, Betriebskantinen und Treppenhäusern. Die Hoffnung derer, die das aufhängen, ist wohl, dass so mehr hängen bleibt.

Mit dem Leitbild gibt die Firma eine schriftliche Erklärung über ihre Grundprinzipien ab. Gleichzeitig soll es auf jeden Einzelnen »handlungsleitend und motivierend wirken«, wie mir mal jemand, der es wissen muss, erklärte, als ich ungläubig vor einer Wertewand stand. Ein Leitbild gibt eine Zielvorstellung davon ab, wofür eine Organisation steht, und beschreibt die gemeinsame Vision. Auf ihren semantischen Kern durchleuchtet beinhalten die meisten Leitbilder jedoch eher Floskeln, die so abgedroschen sind, dass sie längst zu Kalauern verballhornt werden. Zum Beispiel liest man gefühlt in jedem zweiten Leitbild mehr oder weniger gleichlautend formuliert: »Der Kunde steht im Mittelpunkt.« Nahezu jeder Mitarbeiter eines Unternehmens kann aus Erfahrung ergänzen: »... und damit im Weg!«

Wie effektiv Leitbilder das Handeln beeinflussen, und zwar vor allem das Führungshandeln, lässt sich wunderbar am Beispiel Audi zeigen – nur dass es dort »Führungsleitbild-Flyer« hieß. Darin wurde exponiert Spielregel Nummer eins für Führungskräfte erklärt: »Mein Verhalten zählt. Vorbild sein. Wir sind uns unserer Vorbildfunktion bewusst. Wir sind verantwortungsvoll und glaubwürdig – unser Reden und Handeln passen zusammen.« Nur dass da gar nichts zusammenpasst, wenn man bedenkt, dass zur selben Zeit der ehemalige Vorstandsvorsitzende wegen des dringenden Verdachts auf Betrugs und Täuschung in Untersuchungshaft genommen wurde, was Unterlagen anderer Art aus dem Unternehmen belegten.

Im Leitbild wird auch oft festgehalten, dass eine offene Kommunikation gepflegt wird. Heißt vermutlich so viel wie: Viele Fragen bleiben offen – vor allem die, die Mitarbeiter am meisten interessieren. Pflegen bedeutet ja, dass man behutsam mit etwas umgeht und nicht zu häufig davon Gebrauch macht, damit es lange hält. Kein Wunder, dass die meisten Leitbilder in Schubladen verschwinden und von niemandem ernst genommen werden.

Im Onlinemagazin eines »Expertennetzwerks für Marketing & Kommunikation« habe ich nichtsdestotrotz stichhaltige Gründe für die Erstellung von Leitbildern gelesen: »Das Leitbild wird als eine Art ›Magnet‹ verstanden, der Menschen anziehen soll.« Magnet ist das richtige Stichwort. Das denken sich nämlich die meisten Mitarbeiter: »Ich mag net!«

Jedenfalls konnte ich im Laufe der Jahre immer wieder Leitbilder lesen, die das einforderten, was die Führungskräfte im wirklichen Werktätigenalltag partout *nicht* erleben wollten, Offenheit und Fairness zum Beispiel. So hieß es in einem Leitbild vollmundig, dass der Schlüssel zum Erfolg das Erkennen der Kreativität der Mitarbeiter sei und Eigeninitiative und Selbstständigkeit gefördert würden. In Wirklichkeit wurde in dieser Firma jeder zusammengestaucht, der nicht exakt ausführte, was ihm vorgegeben worden war. Ein »hohes Maß an Flexibilität« bedeutete lediglich, dass sich der Mitarbeiter den Launen seines Chefs anpassen musste. Nur eines konnte man wörtlich nehmen: »Wir erarbeiten uns unseren Erfolg jeden Tag neu.« Das heißt, dass die Verdienste von gestern heute keinen Vorgesetzten mehr interessieren und man sich auf seinen Lorbeeren nicht einen Tag ausruhen kann – geschweige denn, dass erworbene Verdienste angerechnet würden.

Eigentlich sollten Leitbilder von allen Mitarbeitern getragen werden. Viele Firmen laden deshalb zu Workshops ein, in denen Gedanken und Ideen aller einfließen. Das steigere nicht nur die Akzeptanz, sondern auch die Identifikation mit den gefundenen Schlüsselbegriffen und fördere die Unterstützung bei der Umsetzung des Leitbilds, hat mir mal ein Consultant verraten. Im besten Falle findet dann sogar die gewünschte Veränderung in Richtung der schwarz auf weiß festgehaltenen Vision statt. Viele Chefs halten es deshalb für eine gute Idee, die Workshop-Ergebnisse von einer externen Agentur noch einmal aufpeppen zu lassen, sodass von der Unternehmensdenke und dem typischen »Wording« des Unternehmens nichts mehr übrig bleibt. So bekommen die Leidtragenden leider ein Leidbild vorgesetzt, das mit ihnen nicht mehr viel zu tun hat – auch wenn es so tut, als würde es dem Tun aller in der Firma Rechnung tragen.

Apropos Rechnung – das stand auch in einem Leitbild: »Wir sind für jeden ein zuverlässiger und berechenbarer Partner.« Berechenbar heißt, man möchte bitte schön vorher wissen, was am Ende dabei herauskommt. Da darf man wohl weniger mit Experimenten als mit Exkrementen rechnen – meist irgendein Scheiß. Womit zum Ausdruck gebracht wäre, was viele von Leitbildern halten.

Gauner, Ganoven, Geschäftemacher

Auch wenn sich einige Firmenbosse diebisch freuen, wenn sie mal ein bisschen was tricksen können, haben wir es da noch lange nicht mit richtigen Ganoven zu tun. Interessant wird es da, wo Betrüger mit krimineller Energie und kapitalistischem Spürsinn äußerst erfolgreich alle hinters Licht führen. Verwunderlich ist, dass dies immer wieder mit ähnlicher Masche im großen Stil gelingt.

Ich hatte das Vergnügen, eine Magisterarbeit in Soziologie über Hochstaplerei und Betrug schreiben zu dürfen. Die zentrale Erkenntnis dabei: Täuschung, Trick und Trug sind keine singulären Ereignisse, sondern führen zu allen Zeiten in allen Branchen mit ähnlichen Methoden zum Erfolg. Das haben unzählige Skandale der letzten Jahrzehnte ja auch gezeigt. Die Liste mit prominenten Beispielen ist lang. Um nur ein paar davon wieder in Erinnerung zu rufen: Enron, WorldCom, Lehman Brothers in den USA, FlowTex, Hess AG, GfE, Wirecard in Deutschland.

Die Bilanztricksereien von FlowTex, immerhin der größte Wirtschaftsbetrug der bundesdeutschen Wirtschaftsgeschichte vor Wirecard, hätte keiner für möglich gehalten. Oder es hat keiner nachgebohrt, obwohl FlowTex Horizontalbohrer herstellte. Damit konnte man Rohre unter der Erde verlegen, ohne Straßen aufreißen zu müssen. Das fand reißenden Absatz, zumindest auf dem Papier. Statt Rohre zu verlegen, verlegte man sich nämlich auf fingierte Milliardenumsätze. Von den über dreitausend Bohrern, die angeblich verkauft und vermietet wurden, existierte nur ein Bruchteil. Gläubiger verloren zuerst die Fassung und dann über zwei Milliarden Euro.

Auch der Hess AG gelang es, Investoren, Banken und die Finanzaufsicht hinters Licht zu führen. Kein Wunder; die Hess AG kannte sich als Hersteller von edlen Beleuchtungslösungen ja damit aus, wie man etwas in den Schatten stellt. Mit gefälschten Bilanzen ging man an die Börse. Millionenschwere Verluste wurden mittels Scheinbuchungen und kreativen Innenumsätzen zu strahlend schönen Gewinnen umgerechnet. Die millionenfache Überschuldung der »Strahlemänner« konnte so jahrelang im Dunkeln bleiben, ohne dass Analysten und Kontrolleuren ein Licht aufgegangen wäre.

Dass Wirecard am Ende zwei Milliarden Euro nicht mehr auf den Konten finden konnte, könnte damit zu tun haben, dass die ihr Geld anfangs als Zahlungsabwickler für Pornoseiten machten. Da wird ja auch viel vorgetäuscht.

Aber das sind alles Peanuts im Vergleich zu den Milliarden, die Bernard Madoff in den USA versenkt hat. Auch hier hat man sich vom Auftreten des smarten Bernie blenden lassen. Keiner hätte je geglaubt, dass sein ganzes Geschäftsmodell von Anfang an auf purem Betrug aufgebaut war. Aber gingen nicht schon vor Jahrzehnten die nur auf ihren Vorteil bedachten Kreditspezialisten der Deutschen Bank dem charmanten Immobilien-Scharlatan Schneider auf den Leim? Hat nicht ein zockender Grünschnabel die honorige Altherren-Riege der Barings-Bank alt aussehen lassen? Offensichtlich sind selbst rationale Zahlenmenschen so lange beeindruckt oder blind, bis sie am eigenen schmerzhaften Verlust von Geld, Ansehen und Glaubwürdigkeit spüren, dass sie gewaltig verarscht worden sind. Vor allem die Sehnsucht nach satten Renditen und die Hoffnung auf höchste Gewinne lässt uns leichtgläubig werden. Unkritischen Beobachtern bleiben deshalb Ungereimtheiten verborgen, und am Ende ist man wie der Zuschauer beim gelungenen Zaubertrick einfach nur sprachlos und verblüfft.

Für die Trickser lohnt es sich auf alle Fälle. Laut Bundeskriminalamt machen Schäden durch Wirtschaftskriminalität über die Hälfte des Gesamtschadenvolumens aller in der polizeilichen Kriminalstatistik erfassten Straftaten aus.

Gewinn oder Verlust...
das muss noch geklärt
werden.

Fast jedes zweite Großunternehmen in Deutschland mit einem Umsatz von mehr als drei Milliarden Euro hatte mit Wirtschaftskriminalität im eigenen Haus zu kämpfen. Betrachtet man alle Firmen hierzulande, so war mehr als jede dritte mit Betrugsvorfällen konfrontiert. Das verursacht insgesamt einen Schaden von rund 100 Milliarden Euro pro Jahr. Für das Geld könnte man jedem EU-Bürger ein Jahr lang an jedem Werktag einen Hamburger von McDonald's spendieren. Okay, das wäre auch zum Kotzen.

Besser als lauwarme Buletten wären sicher lautere Bullen, vor allem Kriminalbeamte, die Betrüger im Visier haben. Aber wie schreibt die Gewerkschaft der Polizei in einem aktuellen Plädoyer zur Bekämpfung der Wirtschaftskriminalität: »Von einer wirklich tauglichen und wirksamen Aufstellung und Zusammenarbeit aller zuständigen Behörden kann heute jedoch nicht gesprochen werden. Deren behördliches Wirken ist viel zu häufig geprägt von mangelhafter Personal- und Sachmittelausstattung, schlechter IT, in Teilen einer untauglichen Behördenorganisation, kaum vorhandenen bis zu undurchlässigen Verfahren zum effektiven Informations- und Datenaustausch und erst recht von keiner dauerhaften institutionellen Zusammenarbeit.« Klingt das nicht wie eine Einladung an Kriminelle, in dem Bereich tätig zu werden?

Wie man Bilanzen aufhübschen kann

Nicht ohne Grund klingt Logistik nach Logik. Und das muss es ja wohl. Wie sonst könnten Versandhändler binnen 24 Stunden jeden beliebigen Ort in Deutschland beliefern, wenn nicht ein ausgeklügeltes System dahintersteckte? Apropos dahinterstecken: Oft steckt man ja auf der Autobahn hinter einer Kolonne von Lkws fest, die von früh bis spät für Spediteure teure Fracht kutschieren und versuchen, rechtzeitig ans Ziel zu kommen.

Um Zeit geht es immer bei Lieferungen. »*Just in time*« sollen die am besten sein, also »gerade rechtzeitig«. Denn wenn alles genau zu dem Zeitpunkt geliefert wird, wenn man es braucht, muss man es nicht zwischenlagern. Das spart Raum für die Lagerung und bindet kein Kapital für Dinge, die erst später weiterverarbeitet oder unter die Leute gebracht werden müssen. Was die Kunden der Logistiker also an Platz sparen, müssen die Logistiker anbieten: Lagerfläche und Leute, die Güter gut verwahren.

Ein Logistik-Unternehmen, für das ich auftreten durfte, hat noch eins draufgesetzt. Bei einer Kundenveranstaltung wurde den Kunden Folgendes vorgeschlagen, das bei Staplerfahrern wie Shareholdern für gute Laune und volle Brieftaschen sorgen konnte: Der Logistiker wollte nämlich nicht nur seine Hallenfläche ausweiten, sondern auch sein Angebot. Statt Produkte, die innerhalb eines Servicevertrages beim Endkunden abgeholt und zur Reparatur beim Auftraggeber abgeliefert werden müssen, könnte er doch Reparaturen auch in seinen Hallen durchführen. Oft müssten ja sowieso nur elektronische Bauteile ausgewechselt werden. Da muss man den Dreh nicht unbedingt raus haben, da reicht ein Schraubendreher. Das kann auch ein Logistiker machen, zumal der tariflich viel günstiger beschäftigt werden kann als ein teurer Servicetechniker beim Hersteller.

Der Vorschlag unseres Logistikers ging sogar noch einen (Fort-)Schritt weiter. Er stellte in Aussicht, Auftraggebern, die mangels Kundenbestellungen fix und fertig sind, halb fertige oder fertige Produkte abzukaufen, um sie dann wieder zurückzuverkaufen, wenn Kunden die Ware bestellen. Durch den Zwischenverkauf sind die Dinger erst mal vom Hof und stehen als Gewinn in den Büchern. Das macht sich gut in der Bilanz, und das wiederum macht sich sehr gut für neue Vorstände, die den Nachweis erbringen wollen, in kürzester Zeit richtige Schritte in die Wege geleitet zu haben. Denn dass man nach wenigen Wochen in einer neuen Firma nicht das Rad neu erfinden oder Stellschrauben so drehen kann, dass sich das irgendwie positiv bemerkbar macht, versteht sich von selbst. Da kam der Vorschlag des Logistikers sehr gelegen: als legitimes Mittel, Verkaufserfolge vorzugaukeln, wo eigentlich erst einmal keine sind.

Auf diese Weise hat man Zeit gewonnen, die man aber zu bezahlen hat, wenn ein wirklicher Kunde anbeißt. Dann verringert sich der ursprünglich kalkulierte Gewinn durch den Aufschlag, den der zwischenzeitliche Besitzer für die Aufbewahrung kassiert. Immerhin will der ja auch einen Obolus dafür, dass er die Sachen ordentlich untergestellt, versichert und bewacht hat. Aber bis die verringerte Rendite in der nächsten Jahreshauptversammlung verkündet werden muss, fällt dem Vorstand ja vielleicht ein neuer Kniff ein.

Wundern Sie sich jedenfalls nicht, wenn immer mehr Laster auf den Autobahnen unterwegs sind. Die liefern nicht nur Ware aus, die jemand kaufen will, sondern kutschieren Kisten voller Krempel, den man nur deswegen rumfährt, weil er nicht verkauft werden kann. Wer so verfährt, verkehrt verkehrt. Es ist ein Unterfangen voller Laster, das Fuhrunternehmen mit Lastern da treiben.

Indiskutabel inkompatibel

Bei einem festlichen Business-Diner anlässlich der Verabschiedung eines langjährigen verdienten Standortleiters wollte der Vorstandsvorsitzende am Tisch des Ehrengasts etwas Small Talk führen und stellte unbedacht die Frage, welche Projekte im Laufe der Jahre denn die interessantesten und eindrücklichsten gewesen seien. Eigentlich hoffte er, den verdienten Mitarbeiter damit ins Schwärmen zu bringen. Doch der holte – wohl wissend, dass ihm am Ende seiner Karriere nichts mehr passieren konnte – zu einer Generalanklage gegen die Geschäftsleitung aus.

Die Firma bot Automatisierungslösungen an, inklusive der Beseitigung aller Schnittstellenprobleme, die beim Anschluss zu integrierender Komponenten normalerweise auftauchen. Theoretisch sollte mit der Software der Firma alles bestens funktionieren. Das zeigten zumindest Betatests. Das sind keine Tests, bei denen man beten muss, ob alles klappt, sondern Probeläufe unter realen Anwendungsszenarien. So weit, so gut. Weniger gut war, dass man selbst Hardware im Angebot hatte, die mit der eigenen Software nicht so wollte, wie sie sollte.

Die Kunden gingen natürlich davon aus, dass die von der Firma gefertigten Bauteile mit der neuesten Software derselben Firma problemlos kompatibel sein würden. Dem war aber nicht so.

Der Standortleiter beklagte ausschweifend die törichte Strategie der Geschäftsführung, dem Kunden bei Präsentationen jedes Mal den Mund wässrig gemacht zu haben mit funktionellen Verbesserungen, futuristischen Features und opulenten Optionen, die den Einstieg ins digitale Zeitalter zum Kinderspiel hätten machen sollen. Das bot man vor allem Kunden an, die lukrative Großaufträge zu vergeben hatten. Leider sind deren Projekte oft dermaßen komplex, dass man nichts anbieten sollte, was sich in der Praxis nicht schon gut bewährt und alle Kinderkrankheiten auskuriert hat. Der Teufel steckt bekanntlich im Detail. Und wie es eben mit dem Teufel so zugeht, schaute der bei Systemintegrationen dieser Firma häufig vorbei und machte die Arbeit zur Hölle, vor allem wenn strategisch wichtige Inbetriebnahmen anstanden.

Entgegen dem Rat des Standortleiters hatte die Geschäftsleitung wohl trotz schiefgelaufener Projekte in der Vergangenheit immer wieder aufs falsche Pferd gesetzt, also grünes Licht für Angebote mit den jeweils innovativsten, aber noch nicht ausgereiften Produkten gegeben. Die schmerzvolle Konsequenz war, dass der letzte Schrei tatsächlich zu Schreikrämpfen führte – sowohl bei Kunden, die ohne funktionierende Lösungen dastanden, als auch bei Mitarbeitern, die sich Nächte um die Ohren schlagen mussten, um wenigstens die größten Schnitzer schnellstmöglich auszubessern.

Geld hat man mit dieser Strategie natürlich nicht verdient. Ganz im Gegenteil! Durch den ausufernden Zusatzaufwand an Programmier- und Servicestunden, nicht eingerechnet die Kundenkonversation, oder besser -konfrontation mit deren Rechtsabteilung, rechnete sich der Einsatz vorne und hinten nicht. Die meisten Kunden, die so etwas mitmachen mussten, hatte man für Anschlussaufträge dank der verheerenden Erfahrungen natürlich auch verloren. Doch als Innovationstreiber wollte man eben immer Lösungen anbieten, bei denen Mitbewerber nicht mithalten konnten. Der Kunde wusste am Ende auch

Das ist zum Beispiel ein gutes Passwort:
Schön lang und trotzdem gut zu merken.

warum: Weil das Produkt schlicht und einfach noch nie erfolgreich von einem Anwender getestet und für gut befunden worden war. In der Welt der Softwareanbieter möchte man aber, dass Entwickler immer möglichst schnell ihre neuesten Versionen zur Marktreife bringen, um Referenzkunden vorweisen zu können. Vernünftiger wäre es gewesen, beim Kunden nur Dinge anzubieten, die sich komplikationslos zum Laufen bringen ließen.

Wer für die Zukunft gerüstet sein will, sollte vermeiden, dass man sich ständig entrüsten muss. Aber so sind die, sagen wir mal, »Erfolgsorientierten« unter den Vertrieblern eben: Am Anfang tun sie so, als könnten sie jeden Kundenwunsch erfüllen. »Versprochen, versprochen!«, heucheln sie, um den Auftrag zu bekommen. Am Ende denken sie sich im Verborgenen, wenn nichts davon in Erfüllung gegangen ist: »Hab ich doch gesagt, dass ich mich da versprochen habe!«

Hinterlistige Heroen und schlitzohrige Schlawiner

Im Business gibt es unzählige Heldenstories, die illustrieren, wie aus kleinen Anfängen große Erfolge wurden. Besonders bei Jubiläen werden gern Anekdoten, Geschichten und persönliche Impressionen herausgekramt, die originell und originär sind und einen Eindruck von der Schlitzohrigkeit und Gewitztheit properer Protagonisten geben – im Gegensatz zu den Inhalten gedruckter Werbemittel aus demselben Hause, in denen politisch korrekt und seriös aus der Historie berichtet wird.

Beispiel gefällig? Bitte schön: Anlässlich der Vorbereitungen zum Jubiläumsfest einer Firma, die Schutzschalter herstellt, wurde mir eine Anekdote präsentiert, die schon einige Zeit zurückliegt, aber von Mitarbeitern noch heute gern erzählt wird. Die Firma hatte damals auf einer Luftverkehrsmesse einen Stand, der von einem General des Warschauer Pakts besucht wurde. Einen neuen Schalterprototyp für den Einsatz in Düsenjägern hat der hochrangige Militär einfach in die Tasche gesteckt und den Stand verlassen.

Ein Firmenmitarbeiter folgte dem General daraufhin und bat ihn um Herausgabe des Bauteils. Erst als er das Teil wieder in Händen hatte, überkam ihn die Sorge, sich sehr undiplomatisch verhalten und durch die Bloßstellung eines ranghohen Vertreters aus dem feindlichen Lager einen womöglich weitreichenden Fehler begangen zu haben. Als der General mit Verstärkung, in Begleitung seiner Attachés und eines Dolmetschers, zurückkehrte, fürchtete der Mitarbeiter dementsprechend um Ruf und Aufträge – völlig unbegründet, wie sich herausstellte. Denn der Militär zollte seinen Respekt vor der Courage und Entscheidungsfreude, der Spontaneität und Tugendhaftigkeit des Mitarbeiters.

Der Ausgang dieser Geschichte wird deshalb noch heute als Beleg dafür herangezogen, wie die gelebten Werte des Unternehmens globale Gültigkeit haben – selbst für Militärs, von denen im Zweifel auch mal mit der unsanfteren Sorte von Konfliktlösung zu rechnen wäre. An Krieg dachte wohl auch der Mitarbeiter damals: »Krieg ich den Schalter wieder, krieg ich das allein hin, krieg ich eine Abfuhr?«

Immer wieder höre ich auch davon, wie Gründer von millionenschweren Unternehmen in den Anfangsjahren selbst angepackt, den Hof gekehrt oder Produkte verpackt und dann die fertigen Päckchen mit Handkarren, Fahrrad oder Kleinwagen zur Post gebracht haben. Um so einen Fall handelte es sich auch bei einem von Europas größten Modehäusern. Es hatte anfangs aus ein paar Läden bestanden. Doch die begannen nach und nach, selbst in Produktion und Großhandel einzusteigen. Nach Ladenschluss verteilte der Inhaber mit seinen ersten Angestellten Ware auf verschiedene Kartons, um noch am selben Tag die Bestellungen zum Versand zu bringen. Zur damaligen Zeit konnte man noch bis 23 Uhr Express-Versandstücke abgeben. Da ging wahrlich noch die Post ab! Dass dann in der Hektik und Erschöpfung auch mal ein Karton mit abgenagten Hühnerknochen bei einem Textileinzelhändler landete statt auf dem Müll, amüsiert die Helden dieser Geschichte noch heute – besonders die Stelle, als der erboste Adressat per Anruf um Aufklärung ersuchte.

Heldenhafter ist nur noch folgende Geschichte aus dem gleichen Unternehmen, die die Chuzpe cleverer Manager demonstriert. Der Inhaber war persönlich nach Indien gereist, um eine große Stückzahl der damals modischen Madrashemden bei einem neuen Lieferanten in Auftrag zu geben. Mangelhaftes Englisch und Farbenblindheit führten dazu, dass statt blauer Hemden tausendfach lilafarbene gefertigt und geliefert wurden. Jeder andere Besteller wäre mit dieser Ware geliefert gewesen. Die Farbe Lila war damals zwar ein Bestseller als Buch, nicht jedoch als Farbton bei Herrenhemden.

Statt den Kopf in den Sand zu stecken, klemmte sich unser Protagonist den Hörer ans Ohr und telefonierte seine Einzelhandelskunden ab. Durch Penetranz und Verkaufstalent gelang es ihm tatsächlich, kleine Mengen dieser unmodischen Teile an den Mann, sprich: Einzelhändler zu bringen. Das eigentliche Husarenhemdenstück aber lag darin, Freunde und Familie loszuschicken, diese ersten Exemplare der unschicken Hemden aufzukaufen, nachdem sie ihren Weg in den Einzelhandel gefunden hatten. Bei den Einkäufern musste folglich der Eindruck entstehen, die Hemden würden sich gut verkaufen. Es wurde eifrig nachgeordert, sodass der Hemdenberg in fragwürdiger Farbgebung fraglos würdig an den Mann gebracht werden konnte. Welch schelmisch schöner Schachzug! Das gibt es also auch, neben Pleiten, Pech und Pannen im Business: kauzige, kecke Könner!

Auf Sicht

Vor Jahren hatte ich einmal die Ehre, Mitglied eines Aufsichtsrats sein zu dürfen. Als mir von einem der Gründungsvorstände die Frage gestellt wurde, ob ich diesem heiligen Gremium kritischer Kontrolle beitreten möchte, fühlte ich mich überaus geschmeichelt. Zugleich gab ich aber zu bedenken, dass mir womöglich die Expertise fehlte, um den Pflichten eines Aufsichtsrats gerecht werden und nachkommen zu können.

Monate später dämmerte mir, dass genau dies der Grund für meine Bestellung war: dass ich nämlich keinen Schimmer von der Materie hatte – zumindest nicht genug, um wirkungsvoll hinter die Fassade blicken oder am Lack kratzen zu können.

Seitdem beschleicht mich bei jeder Aufdeckung von Missständen und Skandalen einer x-beliebigen Aktiengesellschaft der Verdacht, dass es bei vielen Firmen und Konzernen ähnlich gehandhabt wird. Die Aufdeckung erfolgt nämlich in den seltensten Fällen durch den eigenen Aufsichtsrat, sondern von Externen: mutigen Whistleblowern, investigativen Journalisten oder genervten Aktionären.

Es ist ja auch lächerlich, wenn ehemalige Vorstände und Vorstandsvorsitzende nach einer kurzen Karenzzeit in Aufsichtsräte berufen werden, oft sogar in den der eigenen Company, und dann womöglich auch sofort als Vorsitzende. Kaum denkbar, dass sie dort mit unnachgiebiger Strenge den Bockmist kritisieren oder korrigieren wollen, den sie zuvor selbst angerichtet haben. Eher gehen die grauen Eminenzen sehr verständnisvoll mit ihren Nachfolgern um. Wenn mal arge Schlampereien, rechtlich Bedenkliches, moralisch Verwerfliches oder gar Krudes und Kriminelles ans Tageslicht kommt, setzt der Aufsichtsrat lieber interne Ausschüsse oder externe Prüfer ein. Natürlich solche, die man ebenfalls aus alten Tagen oder dem Golfclub kennt und auf deren mildes Urteil man sich verlassen kann.

Im schlimmsten Fall müssen nach eingängiger Prüfung, Würdigung und Abwägung der angemahnten Vorgänge Einzelpersonen aus dem mittleren Management die Konsequenzen tragen und ihren Hut nehmen, während der Vorstand oft unbeschadet davonkommt. Oft werden arbeitsrechtlich relevante Schritte auch nur unternommen, wenn zuvor gerichtliche Strafen verhängt worden sind. Oft bleiben Vorstände erst einmal in Amt und Würden, selbst wenn sie bereits in Untersuchungshaft sitzen. Ob es um Schmiergeld (Siemens), Veruntreuung (Mannesmann), Marktmanipulation (Deutsche Bank) oder Betrug (VW) geht: Verantwortlich in den Augen der Aufsichtsräte sind selten die, die Verantwortung tragen und Befehle geben. Die Schuld wird bei jenen gesucht, die das Befohlene umgesetzt und ausgeführt haben – also die armen Würstchen, die aus Loyalität der Firma oder ihrem Vorgesetzten gegenüber machen, was von ihnen verlangt wird. Auf die wahren Schuldigen nimmt der Aufsichtsrat Rücksicht, da es sich ja um

Leute des eigenen Kalibers handelt. Da wäscht eine Hand die andere.

Zurück zu meinem Mandat als Aufsichtsrat: Mein Verdacht bestätigte sich nachträglich. Vorstände sind ganz froh mit jemandem, der zu wenig Durchblick hat, ihnen das Handwerk zu legen, wenn sie mal was ausgefressen haben sollten. Ein paar der Vorstände wurden Jahre nach meinem kurzen Gastspiel als unterqualifizierter Aufpasser tatsächlich strafrechtlich verfolgt. Weil ich da schon lange nicht mehr als Aufsichtsrat tätig war, habe ich den Ausgang des Verfahrens leider nicht mehr mitverfolgen wollen. Doch dank dieser Anekdote fühle ich mich in meiner Grundhaltung umso mehr bestätigt: Rücksichtslose Aufsichtsräte sind besser als rückgratlose Rücksichtsvolle.

Dick im Geschäft

Wer heute in Vorstandszimmer blickt, sieht nicht nur Vorstände, sondern teils auch vorstehende Knochen – bei durchtrainierten, drahtigen Typen. Die wollen nicht nur auf Draht sein, sondern an ihrem eigenen Körper vorführen, was sie mit der ganzen Firma vorhaben: Disziplin, Entbehrung, Kampfbereitschaft und Leidensfähigkeit. Darum gibt es bei ihnen nicht nur Marathonsitzungen, sondern gerne auch mal einen Marathonlauf am Wochenende.

Womöglich befürchtet man in den oberen Etagen, dass man als nicht geeignet für den Posten gilt, wenn man nicht auch bei Leistungssportveranstaltungen auf dem Posten ist. Wenn Leanmanagement angesagt ist, dann will man schlank auf der ganzen Linie sein. Warum also nicht bei sich selbst anfangen?

Der Aufsichtsrat sitzt einem also nicht mehr nur im Nacken, sondern hat auch ein Auge auf die Fitness seiner Vorstände. Wer sein Fett nicht wegkriegt, kriegt sein Fett weg. Ausgemergelte Manager meinen, sie müssten möglichst exzessiv Extremsport machen und sich kräftezehrend um ihre Körper kümmern – sonst könnten sie als antriebsarm, lasch und nachlässig im Umgang mit notwendigen Change-Prozessen und Verschlankungsmaßnahmen in der Organisation gelten.

Außerdem gilt mittlerweile der undefinierte Körper definitiv als wenig attraktiv. Schon vor Jahren schrieb die *Frankfurter Allgemeine* über den Fitnesskult in der Wirtschaft: »Eines ist offensichtlich: Die Bosse mit den dicken Zigarren und den dicken Bäuchen, wie wir sie von den schwarzweißen Wirtschaftswunderfotos kennen, sind aus den Chefetagen verschwunden. Stattdessen lassen sie sich in Konzernzentralen Fitnessstudios einbauen, mit bodentiefen Fenstern, damit jeder sehen kann, was Sache ist. [...] Die heutige Generation an Unternehmensführern hält sich fit, am liebsten angeleitet von Profis.« Wahrhaftig, während sich Bosse jeglichen Geschlechts früher nach getaner Arbeit auf der heimischen Couch fläzten und Filme schauten, schaut heute nach Betriebsschluss der eigene Coach mit filmreifen Trainingseinheiten vorbei. Um was ins Laufen zu bringen, muss man heutzutage spät abends noch selbst den Arsch hoch kriegen, und das unter Anleitung. Immer mehr professionelle Fitnesscoachs bieten ihre derben Drangsalierungsdienste an. Führungskräfte billigen das. Wahrscheinlich, weil es nicht ganz billig ist. Das behauptete wiederum die FAZ in Bezug auf Leute, die es wissen müssen: »Die Experten von Manpower, immerhin einer der größten Arbeitsvermittler der Welt, haben gar prophezeit, bis zum Jahr

2020 werde der Personal Trainer der bestbezahlte Beruf überhaupt.«

Dass es so weit nicht gekommen ist, liegt vielleicht daran, dass es skrupulöse Skeptiker wie mich gibt. Ich habe schon vor Jahren einem Fitness-Apostel und hoch bezahlten Sport-Speaker die Zornesröte ins Gesicht getrieben. In seinem powerschlauen Vortrag hatte er behauptet, nur in einem gesunden Körper könne ein gesunder Geist stecken; folglich könne maximales Muskelwachstum mentale Meisterleistungen zuwege bringen. »Wie kann es sein«, fragte ich im Anschluss, »dass die erfolgreichsten je aus Deutschland hervorgebrachten Ideen, zumindest was Reichweite und Wirkungsgrad anbelangt, ausnahmslos von Leuten stammen, die der körperlichen Fitness aber auch überhaupt nichts abgewinnen konnten?« Ich meinte mit meiner etwas provokanten These die Reformation, den Sozialismus und die soziale Marktwirtschaft, in persona also Luther, Marx und Erhard. Beileibe – und das im wahrsten Sinne des Wortes gemeint – waren alle drei weder Kostverächter noch Spargeltarzane, sondern gemütliche, korpulente Sesselhocker und geniale Denker.

Warum glaubt man in der Businesswelt, dass ausgerechnet Schlankheit zu Schlauheit führt? Mir wäre bei manchem Manager lieber, er hätte mehr Grips als Bizeps und statt eines Sixpacks Sinn fürs richtige Anpacken.

Doktorheiten

In manchen Firmen wird mit Vorliebe und spöttischem Unterton über Kollegen mit akademischen Würden gelästert: »Ja, ja, der Herr Doktor.« Oft sitzt der angesprochene Doktor in der Verwaltung, der Lästerer jedoch in der Produktion. Es herrscht eine beträchtliche Bewertungsdiskrepanz bezüglich des Renommees zwischen Promovierten und Produzierenden, was das Tragen von Titeln anbelangt. Welchen Aufwand mancher und manche betreibt, um einen »Dr.« vor den eigenen Namen setzen zu dürfen! Und das alles in der Hoffnung, mehr Reputation zu erlangen (in Erlangen wurde übrigens ich promoviert).

Wenn man bedenkt, wie wenig Respekt der oder dem Dekorierten vom direkten Arbeitsumfeld dafür entgegengebracht wird, ist es schon erstaunlich, wie viele die Doktorwürde immer noch als Ziel vor Augen haben, zumindest bei uns in Deutschland. Eine Schwemme von knapp 30.000 Akademikern mit frisch erworbenen Doktortiteln strömt jährlich auf den Arbeitsmarkt, davon allein über 6000 Medizinerinnen und Mediziner, die ohne den »Doktor« gar nicht wüssten, wie ihre Patientinnen und Patienten sie sonst anreden sollten. Während sich im Silicon Valley kein Schwein um einen PhD auf der Visitenkarte schert, ist die Titelsucht im Land der Dichter und Denker ungebrochen.

Branchenabhängig mag das in Einzelfällen Sinn machen. So ist es verständlich, dass junge Chemiker es ätzend finden, wenn später mal zwar die Chemie, aber nicht die Kohle stimmt. Kein Wunder also, wenn sie rigoros ins Rigorosum schreiten – weil damit die Chancen steigen, einen hoch dotierten Job zu ergattern. Aber warum machen es Biologen und Physiker, Maschinenbauer und Juristen auch so? Denn rumdoktern zahlt sich immer weniger aus: Zu D-Mark-Zeiten konnte man mit dem Anhängsel vor dem Namen noch den Rubel rollen lassen, aber heute? Promovierte Juristen sacken zwar immer noch fast vierzig Prozent mehr Einstiegsgehalt ein als mustergültige Masterabsolventen. Doch der akademische Rest sollte die Zeit, statt sie mit einer Doktorarbeit zu verplempern, lieber für den Karrierestart nutzen und die ersten Gehaltserhöhungsrunden drehen. Da kann man schon mal ordentlich Geld verdienen und dieses Geld in einen gekauften Titel stecken.

Zur Not tut's ja auch ein Dr. h.c., den man aufgrund besonderen Einsatzes für die jeweilige Hochschule bekommt. Das kann auch ein Geldeinsatz sein. Das ist dann zwar nur ein Ehrentitel und zeugt nicht von masochistischen Quellenrecherchen oder famosen Fachkenntnissen, doch in einer Namensliste ragt man mit einem Dr. h.c. genauso schön aus der Reihe wie mit jedem anderen Doktortitel.

Einen solchen Dr. h.c. kann man übrigens schon durchaus preiswert bei einer ausländischen Universität erwerben. In Deutschland müssen Interessierte da schon einen neuen Vorlesungssaal springen lassen oder hochschul- und hochbaumäßig tief in die Tasche greifen. Da wendet man sich doch lieber an unseriöse Anbieter im Internet, die gerne und günstig als Mittelsmänner für Titelgeile fungieren und schauen, welch abgehalfterte Alma Mater für klingende Münze klangvolle Titel verscherbelt. Der Kauf eines Ehrentitels ist nicht einmal illegal, nur darf er dann nicht legal geführt oder im Pass eingetragen werden. Doch welcher Schalterbeamte in irgendeinem provinziellen bundesdeutschen Einwohnermeldeamt weiß das schon und wittert

Betrug, wenn man ihm eine wichtigtuerisch gestaltete Urkunde unter die Nase hält?

Blöd ist dann nur, wenn man es trotz Ausgaben oder Anstrengungen mit seinem Doktortitel nur zum Abteilungsleiter in einem mittelständischen Betrieb oder zum Geschäftsführer eines drittklassigen Berufsverbands schafft. Als wäre es nicht schon traurig genug, dass junge Berufseinsteiger, wenn sie »Promotion« lesen, gar nicht mehr an einen Doktorhut denken, sondern an Marketingmaßnahmen, die man unter einen Hut bringen muss, um ein Produkt marktschreierisch zu bewerben.

Wozu also all der Aufwand, wenn unter dem Strich nichts dabei herauskommt als Lästereien der Kollegen, die einem genau das entziehen, was der Titel doch bewirken sollte: Respekt? In der Summe lauter Kummer statt »summa cum laude«.

Total abgehoben

Trotz mittlerweile vielfältiger Möglichkeiten zu Videokonferenzen, Web-Seminaren und virtuellen Meetings wollen wir Deutschen unsere Visagen wirklich vis-à-vis statt nur virtuell wahrnehmen. Darum schicken Firmen ihre Mitarbeiter gerne auf Geschäftsreisen. Das zeigen zumindest die coronabereinigten Marktanalysen des Verbands Deutsches Reisemanagement (VDR). Ins Geschäft kommen viele eben erst, wenn jemand leibhaftig ins Geschäft kommt. Persönlicher Kontakt zählt mehr als digitale Dates. Mehr als 50 Milliarden Euro blättern Unternehmen normalerweise für Businessreisen hin, die Kosten steigen jährlich. Immer mehr Angestellte lässt man zu Außenterminen aufbrechen. Vor Corona waren zwölf Millionen Berufstätige für ihre

Firma auf Achse. Das ist Höchststand. Und höchst bedenklich, wenn sogar im öffentlichen Sektor fast die Hälfte der Bediensteten hin und wieder dienstlich unterwegs ist. Vielleicht ist Beamtenschlaf im Bummelzug am schönsten – und bei der miesen Pünktlichkeitsrate der Bahn kann man dort sogar länger dösen als gedacht. Jedenfalls ist es ein guter Zug, wenn man Berufstätige in Fahrt bringt und mehr sehen lässt als immer nur ihren eigenen Arbeitsplatz.

Befremdlich sind jedoch die Leute, die völlig abgehoben selbst im Inland kurze Strecken mit dem Flugzeug zurücklegen wollen. Wer fliegt denn auf Leute, die unnötig die Luft verpesten? Außerdem müssten die doch bei den Controllern auffliegen. Zumindest die, die bei Inlandsflügen in den ersten paar Reihen sitzen. Sie wissen schon, das ist die Business Class, hinter der man diskret den Vorhang zuzieht, wenn es vorne Appetithäppchen und Alkohol gibt und dahinter inzwischen rein gar nichts mehr.

Wer sind also diese klasse Menschen, die meist mit Pilotenkoffern bewaffnet ins Flugzeug steigen, obwohl sie gar keine Piloten sind? Es sind wahrscheinlich auch keine Flugpläne und Bordinstruktionen in ihren speckig glänzenden Gepäckstücken, sondern eher abgespeckte Pilotprojekte oder Papiere zu hochfliegenden Unternehmensplänen. Anders als alle anderen Fluggäste nehmen sich diese Typen von den Tageszeitungen, die kostenlos beim Check-in ausliegen, auch niemals das dünne Boulevardblatt mit den nackten Tatsachen, sondern welche in ausufernden Formaten, die man auch nur in der Business Class lesen kann. Die Fluggesellschaften lassen dafür extra jeden zweiten Platz frei, damit man beim Umblättern niemandem die Nase eindrückt, auch wenn die Leute da vorne schon sehr beeindruckend sind. Eine großformatige Zeitung liest man aber vor allem deswegen, weil man selbst groß herauskommen möchte – zumindest bei den Leuten, die erst nach den Business-Class-Passagieren die Maschine betreten dürfen. Sie sollen beim Gang in die hinteren Reihen ehrfurchtsvoll erkennen, dass hinter der Zeitung sicher ein kluger Kopf steckt. Wenn alle »geboardet« sind, legen die Fatzkes in den ersten Reihen ihre Zeitungen dann auch wieder zur Seite und ein Nickerchen bis zur Landung ein, damit sie fit für den Tag sind. Nur deswegen nehmen Menschen in mausgrauen Maßanzügen bei Morgengrauen ja die früheste Maschine: um möglichst viel vom Tag für ihre eigentliche Arbeit zu haben.

Äußerst effizient? Nein, gar nicht!

Frühmorgendliche Flugzeuge als Verkehrsmittel der Wahl verschaffen zwar Eindruck, aber keinen Zeitgewinn! Der frühe Vogel wurmt vielmehr die, die wirklich Geld und Zeit sparen wollen. Denn ginge es ums Sparen, würde man von Frankfurt nicht nach München fliegen. Das kostet erstens in der Business Class gute 400 Euro statt 50 Euro Benzingeld, wenn man die Strecke mit dem eigenen Wagen wagen würde. Oder etwa 170 Euro in der ersten Klasse mit dem Zug. Der Flug dauert zwar nur eine Stunde statt drei Stunden Fahrtzeit auf dem Boden, doch wenn man auf dem Boden der Tatsachen bleibt, muss man sich eingestehen, viel Wartezeit zu verplempern – durch Check-in und Sicherheitskontrolle nämlich, weswegen man in der Regel eine Stunde vor Abflug am Flughafen sein sollte. Für den Weg von der Frankfurter oder Münchner Innenstadt zum Flughafen kann man auch noch mal mit jeweils einer Dreiviertelstunde rechnen. Obwohl man da mit dem Schlimmsten rechnen sollte, sofern man bei der Anfahrt in der S-Bahn oder dem Taxi sitzt. Da kann man nämlich auch sitzen gelassen werden, weil alle Taxis weg sind oder die S-Bahn mal wieder nicht fährt. Bleibt der Mietwagen. Obwohl man allein für dessen Mietgebühr mit dem Zug durch ganz Deutschland hätte fahren können. Netto hat man also nichts gewonnen und ist nicht früher da.

Warum fliegen dann die Damen und Herren also Kurzstrecke, wenn sie weder Zeit noch Kosten sparen? Ganz einfach: Wer Spesen machen darf, ist wichtig. Was nichts kostet, ist nichts wert. Zum anderen kann man nur mit dem Flug in der Business Class Bonusmeilen sammeln, die irgendwann zu einem kostenlosen Überseeflug berechtigen. Das darf man nicht übersehen. Mit genügend Statusmeilen hat man zudem Zugang zur Senator Lounge im Flughafen. Dort sind zwar weder der Kaffee noch die Zeitungen besser, aber Kollegen oder Kunden können neidisch werden – wenigstens darauf, wie weit man es flugmeilenmäßig gebracht hat. Und das Vielflieger-Statuslevel ist wichtig in Zeiten, wo jeder Möchtegern seinen Status beliebig verändern kann, zumindest bei WhatsApp.

Abgehoben mochte man es auch in einer großen Bundesbehörde, die schon vor Jahren aus Imagegründen das Wort Anstalt aus ihrem Namen hat tilgen lassen. Man befürchtete wohl, dass einem nur irre Insassen in den Sinn kommen, wenn man an Anstalten denkt.

Was man leider nicht geändert hat, waren die strengen Hierarchien und die Privilegien der Anstaltsbosse. Als Vorstandsmitglied verfügte man beispielsweise nicht nur über einen Dienstwagen, sondern auch über einen Chauffeur, der sich gefälligst nicht echauffieren sollte, wenn man ihn um ausgefallene Gefallen bat. Einer dieser Vorstände ließ sich allen Ernstes am Freitagmittag nach getaner Arbeit von der Dienststelle zum Flughafen fahren, um dann einen

Inlandsflug in seine Heimat- und Wohnstadt anzutreten. Eine Auto- oder Zugfahrt dorthin wäre ihm als Zugpferd nicht zuzumuten gewesen. Das Skurrile daran: Der Fahrer musste, während sein Chef über den Wolken schwebte, mit dem Dienstwagen dieselbe Strecke zurücklegen, um seinen beflügelten Vorgesetzten am Flughafen in dessen Heimatstadt wieder aufzulesen und wohlbehalten bei seiner Familie abzusetzen.

Jetzt mögen kritische Lesende vielleicht einwenden, dass der arme Behördenleiter dann ja stundenlang auf seinen Fahrer hätte warten müssen, um die Reise bis an die heimatliche Haustür fortsetzen zu können. Keineswegs! Die beiden Flughäfen lagen ja keine zweihundert Kilometer voneinander entfernt. In der Zeit, die man mit Sicherheitskontrolle, Check-in, Boarding und Flug sowie Aussteigen und Schlendern zum Parkplatz verplemperte, konnte man mit einem handelsüblichen Achtzylinder-Dienstwagen die Strecke locker ebenfalls zurücklegen. Der Vorstand hätte also ohne Zeitverlust gleich im Wagen sitzen bleiben können. Doch wer verzichtet schon auf ein Gläschen Business-Class-Weißwein und den Kurzaufenthalt in der Lufthansa-Lounge, wenn man es sich leisten kann, oder vielmehr: wenn der Staat es einem gönnen will?

Sie sagen, das war früher mal so, als die Bosse noch eitle Statussymbolfetischisten waren? Ja, die Zeiten haben sich geändert. Die Befindlichkeiten und die Selbstbedienungsmentalität der Behördenbosse allerdings nur wenig. Man muss nur in den Annalen blättern: Ein anderer Vorstand derselben Behörde stolperte mal über interne Protokolle, die er manipuliert hatte, um dumme Vetternwirtschaft zu kaschieren. Wieder ein anderer Vorstand hat Statistiken gefälscht, um in besserem Licht dazustehen und seine Karriere nicht zu gefährden. Kein Wunder, dass in just dieser ehemaligen Anstalt die Stimmung unter den Mitarbeitenden im Keller war. Eine Befragung unter 3000 Führungskräften ergab, dass die Zusammenarbeit und Kommunikation in der Behörde unter aller Sau war – ganz zu schweigen von der Wertschätzung, auf die man dort bis zum Sankt-Nimmerleins-Tag warten konnte.

Der Vorstand nahm sich das zu Herzen und benannte ein neues weibliches Vorstandsmitglied. Die Dame hatte sich nicht in der Anstalt hochgedient und sollte dank mangelnden Stallgeruchs mal ordentlich ausmisten – also verhindern helfen, dass allen irgendetwas stinkt. Das hat sie dann auch getan. Ist ja nicht schwer, in so einer Ausgangslage eine Lösung zu finden: Der Apfel fällt nicht weit vom Pferd. Entgegen allen früheren Gepflogenheiten hat sie also angefangen, wertzuschätzen, zuzuhören und sich um die Belange der frustrierten Behördenmeute zu kümmern. Dabei war sie so erfolgreich, dass die anderen Vorstände die Nase rümpften, weil dieser frische Wind auch ihnen gehörig ins Gesicht blies. Sie sorgten sich um ihre abnehmende Macht und Kontrolle.

Keine Überraschung, dass man die Neue nicht lange gewähren ließ. Es erging ihr wie schon dem Vorstand anno dazumal, der sich zum Flughafen hatte bringen lassen: Sie flog! Nach nicht einmal der Hälfte ihrer Vertragslaufzeit wollte man sie schleunigst loswerden und gegen eine Person austauschen, die nur noch wenige Jahre bis zu ihrem Ruhestand abzuleisten hatte – von der also keine turbulenten Reformen oder ein windiger Kulturwandel zu erwarten waren. Man wollte in der ehemaligen Anstalt nicht die Zukunft gestalten, sondern dieselben Gestalten an der Macht festhalten lassen.

Beste Verkäuferschulung
der Welt

Ich weiß nicht, in wie vielen Vertriebsschulungen ich als externer Gast sitzen durfte und wie viele Speaker ich gesehen habe, die sich selbst als Starverkäufer, Verkäuferstartrainer oder Starverkäuferstartrainer angepriesen haben. Übertreiben scheint auf jeden Fall zum Geschäft zu gehören, das habe ich schnell kapiert. Eine Menge Bücher mit den besten Verkaufstricks habe ich natürlich auch gelesen. Mindestens zwei. Und das ist nicht übertrieben.

Angesichts dieser Menge an geballten Verkaufssteigerungsversprechen hätte ich niemals geglaubt, dass ein völlig unbekannter ägyptischer Straßenhändler mir am ersten Abend meines Kairo-Aufenthaltes binnen einer knappen Stunde mehr Know-how mitgeben konnte als die gesamte Schaumschläger-Mischpoke in den letzten Jahren.

Dazu war diese blitzgescheite Blitzschulung auch noch spottbillig – zumindest weitaus günstiger als jedes Seminar, das man zu dem Thema hätte buchen können. 200 Euro hat mich der Spaß gekostet, und er war das Geld wert. Nochmals um 191,50 Euro günstiger wäre es zugegebenermaßen gewesen, einfach die letzte Seite des *Marco-Polo*-Reiseführers für Ägypten zu lesen. Unter der sehr dicken und sehr großen Überschrift »Bloß nicht!« ist da nämlich Folgendes zu lesen: »Schleppern auf den Leim gehen: In allen Touristenzentren des Landes [...] kommt es vor, dass sie von zumeist jungen Ägyptern auf der Straße angesprochen werden. Diese sprechen zufällig Deutsch, haben zufällig auch einmal früher ausgerechnet an Ihrem Wohnort Verwandte besucht bzw. dort studiert oder gearbeitet und möchten nun mit Ihnen diese Zufälle bei einem Gläschen Tee feiern – bei einem Onkel, der zufällig direkt um die Ecke einen Parfümshop oder einen Papyrusladen betreibt.«

Diese Textpassage hielt mir meine Familie unter die Nase, als ich mit zwei kleinen Flakons edlen Parfums für schlappe 200 Euro zurück ins Hotel kam und berichtete, dass ich gerade einen jungen, deutsch sprechenden Ägypter kennengelernt hatte, der zufällig aus unserer Heimatstadt sei und mit dem ich im Laden seines Onkels nett geplaudert hatte ...

Zugegeben, die Parfums waren nicht mal annähernd 200 Euro wert. Doch meine Familie hat natürlich völlig verkannt, welch geniales Verkaufskonzept ich in einer Dreiviertelstunde interaktiv vermittelt bekommen hatte. Sie fragen sich vielleicht wie meine Familie: »Ägypt'n das 'nen Sinn?« Ja, antworte ich im Brustton der Überzeugung, denn diesen Königsweg der psychologischen Krieg-ich's-oder-krieg-ich's-nicht-Führung muss man mit Haut und Haaren erlebt haben, um es für ewige Zeiten verinnerlichen zu können.

Die Erfolg versprechende Masche geht so: schnell eine Beziehung aufbauen, eine emotionale Verbindung durch das Erzählen gemeinsamer Erfahrungen knüpfen, Einladungen aussprechen und in Vorleistung mittels kleiner Gefälligkeiten treten, unablehnbare Schnäppchen anbieten, schließlich Falle zuschnappen lassen.

Wie gesagt, die Parfums kommen beim besten Willen und schlechtesten Geruchssinn nicht an das heran, was sie als Ingredienzen alles beinhalten sollen. Aber warum hätte ich in Kairo daran zweifeln sollen, dass einer der besten Parfümeure der Welt ein Wässerchen für mich komponiert aus edlen Duftölen wie Sandelholz, Ambra, Rose, Bergamotte, Mandarine, Limone, Lavendel und Salbei? Oder war es Jasmin, Geranie, Lilie, Koriander und Basilikum? Es könnte auch Wacholderbeere, Orangenblüte, Vetiver, Patschuli, Maiglöckchen, Moschus und Lotus gewesen sein. Wo das doch alles dort quasi vor der Haustüre wächst.

Und warum hätte ich skeptisch sein sollen, wenn ein Ägypter am Dialekt errät, woher man aus Deutschland kommt? Vielleicht habe ich es auf Nachfrage sogar selbst gesagt, und er hat es nicht erraten, sondern nur gut zugehört. Dass ich mich nach zwei spendierten Tassen orientalischen Tees am Angebot ortsüblicher Waren unverbindlich orientieren wollte, bevor ich tags darauf womöglich von halsabschneiderischen Händlern das Geld aus der Tasche gezogen bekommen hätte, zeugt doch eher von Nonchalance als von Naivität. Auf die hämische Frage meiner Familie, ob ich das Geld nicht hätte sinnvoller anlegen können, legte ich mich mit meiner Familie an und wies vehement darauf hin, dass es wohl nirgends mehr Abenteuer in kürzerer Zeit gegeben hätte, auch wenn der Abend teuer war.

Was dieses Erlebnis so einzigartig und lehrreich machte, war die hohe Dichte an Psychotricks in praktischen Beispielen und die konkrete Wirksamkeitsprobe in Form eines Kaufaktes, somit ein mess- und sichtbares Resultat, das ich mit dem Parfumkauf erleben durfte, bevor der Händler verduftete. Für so eine lehrreiche Darbietung müsste man in der Heimat schon ein ganzes Wochenende investieren, um eine geballte Ladung an Vertriebsoffensive erleben zu können. Immerhin hatte ich VIP-Status: Ich saß mit dem Verkaufsgenie alleine da, hatte feinstes Tee-Catering, Priority-Zugang und einen garantierten Sitzplatz in der ersten Reihe mit den besten Netzwerkmöglichkeiten. Dafür zahlt man in

Deutschland locker über zweitausend Euro. Und bekommt nicht einmal ein Parfum dazu.

Hidden Champions hinter den sieben Bergen

Manchmal komme ich zu Auftritten in Regionen, da findet man ohne Navi nicht hin und aus dem Staunen auch nicht mehr heraus. Zum Beispiel das Sauerland. Ich dachte früher, das heißt so, weil die, die dort wohnen, irgendwie versauern. Immerhin ist es im Verhältnis zum Durchschnitt Westfalens eine dünn besiedelte Region mit viel Wald, Stauseen und Bergen des Rothaargebirges. Es klingt doch eher nach totem Wald mit überragend viel kahlen Ästen, wenn der Kahle Asten bei Winterberg eine der höchsten Erhebungen Nordwestdeutschlands ist. Dass man dort hoch hinaus kommen kann und da keineswegs tote Hose ist, dachte ich nicht.

Doch im Sauerland gibt es verdammt viele Hidden Champions. Hidden, also versteckt, wahrscheinlich allein deshalb, weil es so viel Gehölz dort gibt. Da sieht man den Wald vor lauter Bäumen nicht. Weil es die örtlichen Industrie- und Handelskammern selbst nicht glauben konnten, haben sie alle in einer Broschüre aufgelistet. Sage und schreibe 166 Weltmarktführer werden da genannt, unter anderem das weltweit führende Unternehmen für Kunstharz-Pressholz als thermische Isolierung für Flüssiggas-Tanklager und elektrische Isolierung für Großtransformatoren. Okay, sexy klingt das nicht, und vom Hocker haut das auch keinen. Wie auch? Kunstharz ist so klebrig, dass man am Hocker haften bleibt. Da braucht es gar nicht viel davon.

Beeindruckend ist das Sauerland genau deshalb, weil es mit wenig viel erreicht; es ist nur 4460 Quadratkilometer groß, umfasst also nur etwa 1,2 Prozent der Fläche Deutschlands, beheimatet aber knapp 13 Prozent der hiesigen heimlichen Weltmarktführer. Unheimlich, oder? Wir Deutschen sind übrigens über diese Region hinaus Weltmeister in der Disziplin »Unbekannter-Weltmarktführer-Sein«. Ungefähr die Hälfte aller dieser in der ganzen Welt versteckten Vorbilder hockt in unserer Heimat. Gut 1300 Hidden Champions gibt es laut Hermann Simon in Deutschland. Der hat den Begriff übrigens auch erfunden beziehungsweise als Forschungskonstrukt erstmals 1990 in einer Studie benannt, die damals in der Zeitschrift für Betriebswirtschaft publiziert wurde.

Hidden Champion ist man laut Herrmann Simon, wenn man in der Öffentlichkeit kaum bekannt ist, da man seine Geschäfte inhabergeführt und nicht börsennotiert meist in einem Nischenmarkt führt, außerdem die Nummer 1, 2 oder 3 auf dem Weltmarkt oder zumindest der Erstplatzierte auf seinem Heimatkontinent ist und der Jahresumsatz unter drei Milliarden Euro liegt. Das mit der Umsatzgrenze kriegen die meisten German Hidden Champions hin, der durchschnittliche Umsatz liegt bei 325 Millionen Euro. Das Feld lichtet sich allerdings spürbar, wenn man die Kriterien etwas strenger formuliert. So kommt der St. Gallener BWL-Professor Christoph Müller nur noch auf 461 deutsche Hidden Champions. Denn um es in seine Statistik zu schaffen, muss man auf mindestens drei Kontinenten aktiv sein, die Hälfte des Umsatzes im Ausland generieren und in seinem Segment den höchsten oder zweithöchsten Marktanteil aufweisen, um den Titel Weltmarktführer zu verdienen.

Dass sich die Herren Professoren Simon und Müller nicht auf eine einheitliche Zahl an Champions einigen können, könnte auch daran liegen, dass sie das veröffentlichte Datenmaterial der gelisteten Firmen ständig aktualisieren – heimlich, versteht sich. Das stößt nicht immer auf fruchtbaren Hoden. So geschehen zumindest mit dem Unternehmen Masterrind, einem Spezialisten für die künstliche Besamung von Rindern. Der hat seinen Titel als Weltmarktführer wieder verloren, nur weil ein Rindvieh im amerikanischen Handelsministerium die Importbestimmungen verschärfte, womit die Exportquote von Masterrind stark einbrach.

Doch egal, wie viele rausfliegen oder mitgezählt werden: Sie können darauf zählen, dass es nirgends so viele internationale Sparten-Spitzenreiter gibt wie bei uns. Sie eint, dass sie in ihrer Heimatregion fest verankert sind und ein sehr persönliches Verhältnis mit ihren Mitarbeitern pflegen. Vielleicht ist das auch der Grund, warum sie so erfolgreich sind: Sie legen gar keinen Wert auf Bekanntheit, Marketinggedöns und künstliche Imagepflege. Sie machen ihre Sache einfach gut, statt Zeit dafür zu verplempern, zu prahlen und alles aufgebauscht hinauszuposaunen. Sie kümmern sich ums menschliche Miteinander und sorgen dafür, dass es allen gut geht.

Die meisten Hidden Champions sitzen übrigens nicht in prosperierenden Wirtschaftszentren, sondern mitten in der Pampa, also in der tiefsten Provinz. Falls Sie jetzt auf den Geschmack gekommen sind: Fruchtgummis vom Weltmarktführer, selbst die ganz sauren, werden nicht im Sauerland, sondern im Saarland produziert.

Wer nicht wirbt, stirbt

Wer einen Werbeartikel überreicht bekommt, darf sich wahrlich als Beschenkter fühlen. Denn spätestens beim genaueren Betrachten des Werbegeschenks denkt man sich: »Hätte man sich schenken können!« Eigentlich ist vom Geber mit der Gabe ja die Hoffnung verbunden, nicht in Vergessenheit zu geraten. Deswegen werden auf Gegenstände wie Kugelschreiber, Zollstöcke oder Taschenlampen die Firmennamen aufgedruckt. Aber mal ehrlich: Wer schaut beim Benutzen dieser Gegenstände schon auf den Werbeaufdruck?

Die Marketingabteilung der *Mainpost*, einer Tageszeitung im Fränkischen, hat vor Jahren bei einer Umfrage unter Lesern, Anzeigenkunden und Partnern herausgefunden, dass 54 Prozent der Befragten mindestens einen bedruckten Werbekugelschreiber zu Hause haben. Sie kamen aber auch selbst ins Grübeln, was der Firmenschriftzug auf einem Schreibgerät überhaupt bringen soll: »Doch wie häufig sieht man sich seinen Kugelschreiber überhaupt an? Und wie häufig erinnert man sich dabei an die Firma, die ihn einem gegeben hat? Selbst wenn der Empfänger den Kugelschreiber auf lange Sicht behält und auch verwendet, bedeutet das noch nicht, dass er sich auch an das Unternehmen langfristig erinnern kann.«

Gute Mine zu blöder Spendabilität also?

Nichtsdestotrotz sind Kugelschreiber das beliebteste und am häufigsten verwendete Werbemittel in unseren Landen. Das kann man sich hinter die Ohren schreiben: 6,2 Kugelschreiber gelangen pro Jahr in den Besitz eines jeden Deutschen. Selbst gekauft ist davon so gut wie keiner, denn ständig wird uns ein Kuli zur Kundenbindung unter die Nase gehalten, den wir dann behalten dürfen. So werden über 500 Millionen Kugelschreiber pro Jahr in Deutschland an den Mann, die Frau und sage und schreibe sogar an Grundschulkinder gebracht. »Werbekugelschreiber dürften rund 70 Prozent des Gesamtabsatzes in Deutschland ausmachen«, meint Manfred Meller, der als Geschäftsführer des »Industrieverbands Schreiben, Zeichnen, Kreatives Gestalten« weiß, wie schwer man sich tut, die Dinger verkaufen zu wollen, wenn überall welche zum Mitnehmen herumliegen – wenn auch zugegebenermaßen meist billiger Ramsch.

Auch viele andere Werbegeschenke sind von übler Qualität oder so billig, dass man das kaum billigen kann, weshalb der Schuss für den Werbetreibenden auch nach hinten losgehen kann. Man muss zumindest offen für Enttäuschungen sein, wenn man Flaschenheber verschenkt, mit denen man keine Bierkapsel von der Flasche kriegt oder Taschenmesser, die beim ersten Versuch eines werkzeugspezifischen Gebrauchs auseinanderfallen.

Die schlechte Qualität der meisten Artikel tut dem Erfolg selbiger im Großen und Ganzen jedoch keinen Abbruch. In den letzten Jahren wurden unternehmensseitig im Schnitt jährlich 3,5 Milliarden Euro für Werbegeschenke ausgegeben. Das Angebot wächst von Jahr zu Jahr. Michael Paul, Professor für Psychologie an der Universität Augsburg, weiß das zu begründen. Im Rahmen einer Studie hat er festgestellt, dass selbst bei kleinen Geschenken im Unterbewusstsein ein Drang entsteht, sich dankbar zeigen oder revanchieren zu müssen. Dazu hat er eine Fluggesellschaft unter die Lupe genommen, die kleine Aufmerksamkeiten verteilte, um beim Fluggast zu landen. Und siehe da: Die Kunden flogen darauf, was sich noch Monate später in den Umsatzzahlen bemerkbar machte. Die beschenkten Kunden buchten mehr bei dieser Airline.

Festzuhalten bleibt allerdings, dass nicht jedes Geschenk Glücksgefühle auslöst. Wenn man Unfunktionales in der Hand hat, sich darüber ärgert und dann das Branding der Firma liest, von der man den Krempel hat, brennt sich einem im Hirn womöglich die Feststellung ein, dass die einem nichts Gutes bescheren. Gerade weil Streuartikel im Vergleich zu anderen Möglichkeiten der Werbung spottbillig sind, darf man sich nicht wundern, wenn der Spott der Konsumenten dann auch folgt.

Der Stoff, aus dem die Albträume sind

Um Servicekräfte beim Kundenkontakt, Firmenmitarbeiter bei Veranstaltungen oder das Standpersonal auf Messen leichter von allen anderen Anwesenden unterscheiden zu können, müssen sich diese Personen meist irgendwie kenntlich machen, also uniformieren. Vielleicht soll das Wörtchen Uni-Form Erinnerungen wecken an die schöne Studienzeit, als man an einer Uni und noch gut in Form war. Was davon übrig geblieben ist, sieht meistens jämmerlich aus: Männer müssen sich Krawatten in der Logofarbe ihres Unternehmens umbinden und Frauen das passende gleichfarbige Halstuch. Wenn's an den Kragen geht, ist an Hemd und Bluse auch noch der Firmenname eingestickt.

Hat man dann die Firma schon am Hals, ist klar, dass erwartet wird, sich mit Kunden in Gespräche zu verstricken. Viele Frauen finden billige Strickmuster gar nicht chic, oft gar unschicklich, und dennoch bekommen sie oft ein Business-Kostüm zu ihrem Firmenhalstuch zur Verfügung gestellt. Die Bezeichnung Kostüm verrät, dass es sich dabei um eine Verkleidung handelt. Man kann davon ausgehen, dass niemand so eine textile Entgleisung im Privaten tragen wolle. Apropos Wolle: In die Wolle kriegen würden sich modebewusste Damen sicher gern mit denen, die so etwas aushecken. Oft sind es nämlich nicht Schneider, geschweige denn Modemacher, sondern Controller, die ein Auge auf die Anschaffung haben. Das ist auch der Grund, warum die Auswahl bei den Zwangs-Uniformierten nicht gut abschneidet.

Man sollte ja meinen, dass Kunden Firmenmitarbeiter auch ohne Uniform erkennen müssten – allein schon daran, dass sie sich für einen interessieren und sich um einen bemühen. Dass diese Zuwendung ernst gemeint sein könnte, glauben nicht einmal die Verantwortlichen in den Firmen. Doch ob das Servicebewusstsein mit einer Einheitskrawatte besser wird?

Wie wirkt das auf uns Kunden, wenn optisch alle Mitarbeiter modisch gleichgeschaltet sind? Wären uns bunte, (farben-)frohe Ansprechpartner nicht manchmal lieber als ein Heer gleichfarbiger Gleichgültiger? Ob den unglücklich Uniformierten dank des gestärkten Hemdkragens, auf dem das Firmenlogo prangt, auch das Ego gestärkt wird, bleibt ebenso dahingestellt. Zumal Corporate Fashion kaum den Corpsgeist fördert, solange billiger Zwirn vernäht statt Seemannsgarn gesponnen wird.

So werden Niedriglohnempfänger in der Systemgastronomie beispielsweise weder moderat bezahlt, noch ist deren Mode-Rat gefragt, wenn es ums Outfit geht. McDonald's steckte seine Leute einmal in Poloshirts in der markigen Farbe Yellow. Passt ideal zu der Vorstellung, die Restaurantleiter dort von ihren Mitarbeitern haben: die Motivation »yeah!«, die Bezahlung »low«.

Unnötig wirken Uniformen immer dort, wo Tresen, Theke, Rezeption oder Empfangsschalter von vornherein klarstellen, wer Kunde und wer Mitarbeiter ist. Als könnte die Kundschaft auf der anderen Seite sonst nicht herausfinden, ob da überhaupt jemand für sie zuständig sei. Für alle Fälle wird trotzem verbindlich im Arbeitsvertrag festgelegt, in welchen Klamotten zu malochen ist. Vorbildlich zeigt sich in dieser Sache die bayerische Polizei. Vielleicht sollten sich alle Verantwortlichen für die Beschaffung von Dienst- und Arbeitskleidung da mal ein Beispiel nehmen. Die Alpen-Sheriffs haben vor ein paar Jahren ganz besondere neue Uniformen bekommen. Der bayerische Landesverbandsvorsitzende der Deutschen Polizeigewerkschaft schrieb diesbezüglich einen seitenlangen Beschwerdebrief an seinen Innenminister. Unter anderem führte er auf: »Hosen wurden im Po-Bereich lediglich mit einer einzigen Naht genäht und platzen ohne Anstrengung auf.«

Ist das nicht toll, wenn Bürger sehen können, dass sich bayerische Polizisten den Arsch für sie aufreißen? Besser kann man seine Arbeitseinstellung gar nicht zur Geltung bringen. War das nicht genau die Idee hinter der ganzen Uniformierung?

Metaphysisches für die Maloche

Kennen Sie Niklas Luhmann? Nein? Ist vielleicht besser so. Er war deutscher Vorreiter, Vordenker und Vertreter der soziologischen Systemtheorie. Davor war er Jurist. Was er geschrieben hat, sind schulmeisterliche Elaborate mit verquasten Schachtelsätzen in Fachchinesisch, die kaum jemand verstanden haben dürfte. Dennoch hat er großen Eindruck hinterlassen und die Vorstellung der Soziologen verändert, wie Gesellschaft als System funktioniert.

Einfache, kurze und prägnante Aussagen klingen bei Luhmann so: »Kultur im modernen Sinne ist immer die als Kultur reflektierte Kultur, also eine im System beobachtete Beschreibung.« Schlaue Köpfe in der Wirtschaftswelt haben sofort kapiert, dass Luhmanns Weisheit auch für Unternehmenskulturen gelten müsste. Daraufhin machten sie sich mithilfe geisteswissenschaftlich bewanderter Berater und gewitzter Werbeagenturen daran, Unternehmenskulturen zu beschreiben, zu entwerfen und gegen üppiges Honorar auf Wunsch auch gleich eine Unternehmensphilosophie zu verfassen.

Eine Philosophie fürs Unternehmen braucht man zwar nicht, um die tagtägliche Arbeit bewerkstelligen zu können. Im Zweifelsfall kann sie aber ganz nützlich sein, wenn einem mal Antworten abhandenkommen sollten, warum man das Ganze eigentlich macht und wofür es gut sein soll. Dann rücken Werte, Alleinstellungsmerkmale und das öffentliche Erscheinungsbild in den Mittelpunkt des verwirrten Interesses. Die Unternehmensphilosophie stellt dann im besten Falle die grundsätzliche und grundlegende Basis für alle Aktionen und jedes Tun dar, das Führungskräften und Mitarbeitern in den Sinn und auf die To-do-Liste kommt.

Gut, wenn man alles zurückführen kann auf von Belegschaft und Kundschaft akzeptierte und anerkannte Patentrezepte. Obwohl, wenn man ganz ehrlich ist, sind Rezepte von jeder Patentante sicher besser als die von patenten Unternehmensphilosophie-Propheten und -profiteuren ausgedachten. Beim Rezept der Tante besteht zumindest eine realistische Minimalchance, es gebacken zu kriegen. Was aber sind gute Patentrezepte?

Wenn es bei Unternehmensphilosophien wirklich um Philosophie gehen würde, könnte man ja einfach auf die besten Rezepte der Philosophiegeschichte zurückgreifen. Da würde man zum Beispiel mit dem kategorischen Imperativ von Immanuel Kant ganz gut fahren. Da steckt alles drin, was man an Werten beim Werkeln und Wirtschaften braucht. Aber mal ehrlich: Dieser kantige Spruch vom kategorischen Imperativ hat schon fast ein Vierteljahrtausend auf dem Buckel, wird aber immer noch verkannt, sofern man ihn überhaupt kennt. Statt zu Kants schlüssigem Imperativ greifen die Leute heutzutage lieber zu einem Sechskantschlüssel, wenn sie was zusammenbringen müssen. Sieht man zumindest in jeder Ikea-Montageanleitung.

Aber ein nordisches Möbelhaus ist hier gar nicht gefragt, sondern der neunmalkluge Philosoph und dessen Formel. Soll heißen,«kategorisch« und »Imperativ« klingt zwar sehr griffig, hat aber leider nicht formidabel übergegriffen. »Handle so, dass die Maxime deines Willens jederzeit zugleich als Prinzip einer allgemeinen Gesetzgebung gelten könne.« So heißt das Ding im Original. Man hätte es auch einfacher sagen können:»Was du nicht willst, das man dir

Natürlich sind Sie mit Ihrer
Arbeit zufrieden, wir füllen
den Fragebogen jetzt einfach
mal gemeinsam aus...

tu, das füg auch keinem andern zu!« So ließe sich das Miteinander in der Wirtschaftwelt für jede Firma schön auf den Punkt bringen.

Leider verwechseln einige Menschen aber Imperativ mit Imperfekt und meinen, dieser antiquierte Satz gelte höchstens für die imperfekte Vergangenheit, niemals aber für die komplizierten Implikationen der heutigen Wirtschaftswelt – erst recht nicht, wenn sie von einem möglicherweise unperfekten Philosophen aus Königsberg stammen. Man kann ganz kategorisch verneinen, dass die Welt in den letzten 240 Jahren besser geworden wäre mit diesem Imperativ. Hätte er ihn nur nicht so verschwurbelt formuliert und zumindest das mit der Gesetzgebung am Ende weggelassen. Doch Luhmann hat es Jahrhunderte später auch nicht anders gemacht. Leider! Denn sobald etwas Gesetz wird, hört jeder Spaß auf! Dabei denkt man nämlich sofort an ein Gericht, bei dem man zur Rechenschaft gezogen wird. Und wer will sich schon bei all seinem Handeln angeklagt sehen, nur weil man neben den Maximen auch mal den Mätzchen minimalen Platz einräumen wollte.

Aber lassen wir das! Statt mit stetem Maximalanspruch an sich und andere maximalen Unmut zu erzeugen, sollte man lieber kleinere Bretter bohren, dafür aber den Nagel auf den Kopf treffen.

Jeden Tag ein bisschen was richtig zu machen, ist jedenfalls weniger anstrengend und auch weniger frustrierend, als unablässig als vorbildliche Gesetzesbuchvorlage durch die Welt zu irren in der irrigen Annahme, die Firma würde es einem danken. Außerdem sollen bei allem Tun die Späße nicht zu kurz kommen. Im schlimmsten Fall ist dann außer Späßen zwar nix gewesen, aber dann gab es wenigstens was zu lachen. Wenn schon humanistisch nix rumkommt, dann zumindest humoristisch. Und das ist vielleicht das Beste an einer Unternehmensphilosophie: wenn jeder die Arbeitswelt um sich herum ganz unkategorisch und ohne imperatives Gehabe ein bisschen lebens- und liebenswerter macht.

Da können Sie Gift drauf nehmen

Ich habe in einige Branchen Einblick bekommen. Aber mit den härtesten Bandagen wird gekämpft, wenn es um die Herstellung von Lebensmitteln geht. Nicht ohne Grund heißt es Interessenkampf.

Als Außenstehendem kann einem nur schlecht werden, wenn man sieht, wie die Konsumentengesundheit dabei nur eine untergeordnete Rolle spielt. Da ist an einigen Stellen was faul. Das gilt so zwar wohl überall im Businessbereich, vor allem aber im Lebensmittelhandel, wo man als Konsument faule Kompromisse eingehen muss, die verkauften Früchte dafür aber nie so schnell faul werden, wie es in der Natur der Fall wäre. Nicht einmal Fallobst. Und das, obwohl Obst oft einen weiten Weg als Handelsware hinter sich hat, bevor es bei uns feilgeboten werden kann.

»Wo Geld vorangeht, da stehen alle Wege offen«, lautet ein Sprichwort. Schauen Sie ruhig mal genau hin! In »vorangeht« steckt »Orange«! Aber was steckt alles in einer Orange? Damit viele Menschen und keinesfalls Insekten Gefallen finden an prallen Orangen, hat man in den Sechzigerjahren – zuerst in den USA – das Insektizid Chlorpyrifos eingeführt. Nein, man hat es nicht wirklich eingeführt, man hat es nur draufgespritzt. Das Zeug klingt nicht nur giftig, es wirkt auch so, als hirnschädigendes Nervengift.

Deshalb gilt seit Januar 2020 ein Anwendungsverbot für die ganze EU. Die Hersteller boten nun aber keine Alternativen an, sondern den zuständigen Gremien erst mal die Stirn. Das US-Unternehmen Corteva wandte sich zum Beispiel vorab schon mal schriftlich an die europäischen Zulassungsbehörden und leugnete rumdum neurotoxische Nebenwirkungen oder einen negativen Einfluss aufs Hirn. Wäre ja auch hirnverbrannt von denen, so etwas zuzugeben. Die Befürchtungen bezüglich des Fruchtkonsums der EFSA, der EU-Behörde für Lebensmittelsicherheit, wurden jedenfalls »nicht geteilt«.

Teilen ist auch nicht deren Stärke, eher zusammenschließen. Corteva ist ein Zusammenschluss der Chemiekonzerne Dow, Dupont, Danisco und Pioneer. Letzterer führte als Erster Genversuche an Mais durch. Einfach *genial*! Da haben sich die richtigen gefunden. Corteva firmiert deshalb als Unternehmen im Bereich »Agriscience« – klingt nach aggressivem Wissen, das einen schafft. Kein Wunder, dass Chlorpyrifos-Hersteller Anwälte auf die EU-Kommission ansetzten, die vor Rufschädigung warnten und mit Konsequenzen drohten, falls wirtschaftliche Interessen der Hersteller verletzt würden. Um Verletzungen oder gar irreparable Schäden bei Konsumenten hat man sich weniger Sorgen gemacht, sonst hätte man sicher nicht die EFSA aufgefordert, sie möge schleunigst Warnhinweise von ihrer Website entfernen. In den Zulassungsstudien seien ja auch keine Warnungen vor Risiken enthalten.

Die Studien wurden allerdings von den Herstellern selbst in Auftrag gegeben und zur Prüfung vorgelegt. Erst 2018, also dreizehn Jahre nach der EU-Zulassung, hat ein schwedischer Wissenschaftler die Rohdaten der Erhebungen angefragt, die damals die Industrie finanziert hatte. Er wollte die Daten, weil es erste Warnungen von US-Wissenschaftlern gab, die von Hirnschäden an Föten im Mutterleib sprachen. Und, alter Schwede: »Die Daten zeigten, dass schon bei der kleinsten Menge von Chlorpyrifos Hinweise vorliegen, dass das Gehirn verändert ist.«

In der für die Zulassung veröffentlichten Herstellerstudie hat man eklatante Unstimmigkeiten festgestellt. So hat man eindeutige Hinweise unter den Tisch fallen lassen, dass wichtige Bereiche der Großhirnrinde schrumpfen, und in der Zusammenfassung der Studie lieber hirnrissige Beschwichtigungstexte verfasst, statt zu erwähnen, dass schon winzige Dosen krankhafte Veränderungen des Großhirns auslösen, die geschlechtstypische Merkmale und die geistige Leistungsfähigkeit betreffen.

Obwohl auch bei Erwachsenen Vergiftungserscheinungen wie Koliken, Übelkeit, Durchfall, Erbrechen, Schwindelgefühl, Kopfschmerzen, unscharfes Sehen, verlangsamter Herzschlag, Blutdruckabfall bis hin zu Krämpfen und Atemstillstand auftreten können, bat der europäische Agrarverband Copa-Cogeca inständig und unanständig darum, Chlorpyrifos weiter verwenden zu dürfen, bis eine Alternative gefunden ist. Andernfalls sei mit erheblichen Ernteausfällen zu rechnen, da der Pflanzenschutz nicht gewährleistet sei.

Die Agrarverbandsmitglieder konnten erst einmal aufatmen, denn so schlagartig schlimm kam es gar nicht für die Bauern, noch weniger für die Hersteller. Wenn eine Entscheidung durch die EU formalisiert ist, sind die EU-Staaten nämlich nur dazu verpflichtet, die Zulassung für die Chemiekeule zurückzuziehen. Danach gibt es eine Übergangsfrist für Anwendung, Lagerung und Entsorgung. Und dann wird noch eine Schonfrist eingeräumt, bevor Sanktionen drohen. Was juckt das die Chemiekonzerne, die das Zeug weiterhin in Nicht-EU-Staaten verkaufen? Das sollte uns sauer aufstoßen, denn Zitrusfrüchte, die man dort mit dem hochgefährlichen Pestizid produziert, dürfen trotz Chlorpyrifos-Rückständen in die EU importiert und bei uns feilgeboten werden. Wo alle Wege offen stehen, können Skrupellose vorangehen.

Was lange währt, wird schließlich nichts

Beamte und Programmierer ticken komplett unterschiedlich. Verwaltungsfachangestellte streben nach formulargerechten Auskünften, Softwaredesigner nach formidablen Einkünften. Daraus ergeben sich, sofern Projekte gemeinsam erarbeitet werden müssen, gewisse Reibungen.

Wie man es dabei übertreiben kann, zeigt folgendes Beispiel aus der harten Welt der Software. Auf einer Public-Sector-Messe, also einer Messe mit einem Schwerpunkt auf Computerprogramm-Angeboten für den öffentlichen Bereich, erzählte man mir folgende unglaubliche Geschichte: Eine Verwaltung wollte besonders modern und gleichzeitig kostenbewusst sein. Man vergab einen Programmierauftrag für eine Software, die interne Abläufe beschleunigen und Prozesse verschlanken sollte, so wie man sich das von einer bürgernahen und zeitgemäßen Verwaltung wünscht. Als Bedingung stellte diese Verwaltung bei Auftragsvergabe jedoch, dass die neu zu erstellende Lösung auf jeden Fall auf dem alten, vorhandenen Betriebssystem laufen sollte. Denn wenn schon viel Geld für neue Programme ausgegeben werden musste, sollte zumindest die alte Hardware so lange wie möglich in den Amtsstuben stehen können. So rechnete man sich aus, dass man die Kosten im Griff und einen guten Kompromiss gefunden habe.

Die Rechnung machte man leider ohne den Wirt, auch wenn wohl einige Betriebswirte den Vertrag abnickten. Der Weg zum fertigen Produkt erwies sich nämlich als äußerst mühsam: Programmierer, die auf alte Systeme aufsetzen müssen, und Bürokraten, die wenig Ahnung von Programmiersprachen haben, sprechen nicht dieselbe Sprache. Nein, sie bleiben in Meetings oft sprachlos zurück. Man verstand sich also nicht auf Anhieb, nur Seitenhiebe und hämische Kommentare der Computerfreaks verstand der Auftraggeber.

Das wollte man sich natürlich nicht bieten lassen. Wer zahlt, schafft an! Man beharrte auf der Umsetzung von Vorstellungen, die mit moderner IT wenig zu tun hatten und den Programmieraufwand nur immer teurer und langwieriger machten. Statt komplexe Sachverhalte in kompakten, schlanken Programmen unterzubringen, wurden unwesentliche Details zu komplizierten Datenmonstern aufgeblasen. So gingen die Tage ins Land und ein Projektleiter sogar in den Ruhestand.

Doch trotz oder dank Schweiß, Bits und Tränen geschahen schließlich nach einigen Machtworten noch Zeichen und Wunder. Die Software-Spezialisten hatten letztlich alle Anforderungen der Bürokraten programmiertechnisch erfüllen können und nach Jahren der Schinderei eine funktionierende Lösung fertiggestellt. Das einzige Problem, das keiner bedacht hatte: Die sichere Nutzung der Rechner mit dem mittlerweile veralteten Betriebssystem war nicht mehr gewährleistet. Der Behörde wurde von höherer Stelle mitgeteilt, dass ein einziger Rechner mit einem alten Betriebssystem als Schwachstelle ausreicht, um das gesamte Netz lahmzulegen. Der unverzügliche Umstieg auf ein aktuelles Betriebssystem wurde mit Nachdruck empfohlen, da jeder Außenkontakt dieser Rechner durch Verwendung externer Datenträger oder Vernetzung jeglicher Art eine zu große Gefährdung darstellen würde.

Die Software konnte man also in die Tonne treten. Inzwischen hatte nämlich auch der Hersteller dieses Betriebssystems den Support eingestellt und konnte somit keine Fehler mehr beseitigen oder Sicherheitsrisiken durch Updates reduzieren. Das Risiko, gespeicherte Daten vor Angriffen und Missbrauch nicht ausreichend sichern zu können, wog schwer. Statt Kosten zu sparen, hat man unnötige verursacht. Zwar waren Programmierer über einen langen Zeitraum beschäftigt worden, sodass zumindest irgendjemand noch etwas davon hatte. Besser hätte man sich aber vorher mal mit den Gepflogenheiten der Computerbranche beschäftigen oder einfach nur Mitteilungen von Herstellern lesen sollen, die das Auslaufen ihres Supports ja immer frühzeitig ankündigen.

Merke: Wer sich elektronisch auf dem Laufenden halten will, sollte nicht auf der Leitung stehen.

III. Schätzungen

Schätzungen!
Ein Roundtable-Gespräch

Schätzungen werden da abgegeben, wo man nichts Konkretes weiß und nur näherungsweise Angaben machen kann. Seltsamerweise hieß »schetzen« im Mittelhochdeutschen »Lösegeld auferlegen, Geld abnehmen, besteuern«. Ich schätze, das hat schon damals niemandem gefallen.

Andererseits wird mit »schätzen« zum Ausdruck gebracht, dass man etwas sehr gerne mag. Ich zum Beispiel schätze kluge Menschen. Mit einigen berühmten hätte ich gerne mal geplaudert. Aber ich kann nicht abschätzen, ob es überhaupt zu einem Gespräch gekommen wäre. Vielleicht überschätze ich mich da, zumal ich meine Gesprächspartner manchmal mit abschätzigen Bemerkungen eher abschrecke. Aber schätzungsweise wäre ein Gespräch in etwa so verlaufen:

Frage: *Wenn es um Wirtschaftsangelegenheiten geht, was schätzt man da am meisten?*
Marie von Ebner-Eschenbach: »*Wir unterschätzen das, was wir haben, und überschätzen das, was wir sind.*«

Frage: *Verzeihung, da bin ich selbst in die Doppeldeutungsfalle getappt. Ich wollte vielmehr wissen, ob Sie eine Schätzung diesbezüglich abgeben können?*
Mark Twain: »*Wir schätzen die Menschen, die frisch und offen*

144

ihre Meinung sagen – vorausgesetzt, sie meinen dasselbe wie wir.«

Frage: Ich meine, wir reden immer noch aneinander vorbei. Kann man denn überhaupt etwas seriös abschätzen?
Peter Drucker: »Der beste Weg, die Zukunft vorherzusagen, ist, sie zu erschaffen.«

Frage: Über die Zukunft wollte ich gar nicht sprechen. Ich wollte vielmehr sagen, dass ich vieles selbst nicht richtig einschätzen kann. Deswegen ist dieser Teil des Buches so umfangreich.
Robert Kiyosaki: »Lass die Angst vor dem Scheitern nicht größer sein als die Lust auf das Gelingen.«

Frage: Aber es ist doch immerhin der letzte Teil des Buches. Sollte man da nicht genau einschätzen, was man am Ende mit all dem sagen will? Sonst setze ich mich ja dem Vorwurf aus, ich hätte nicht richtig eingeschätzt, ob nun die Chefs generell recht haben oder ob das Gegenteil der Fall ist. Wie gehen denn erfolgreiche Manager und Spitzenbosse mit so etwas um?
Richard Branson: »Ich konnte noch nie einer Herausforderung widerstehen, bei der die Aussicht auf Erfolg gering war und ich das Gegenteil beweisen konnte.«

Keine Frage: Ich sehe schon, das führt hier zu nichts. Ich gebe auf!
Norman Vincent Peale: »Es ist immer zu früh, um aufzugeben.«

Zukunft, Auskunft, Unvernunft

Manchmal lieben es Vorstände und Geschäftsführer, bei Jahresauftaktveranstaltungen nicht nur Ziele für das kommende Geschäftsjahr zu formulieren, sondern einen Ausblick auf die weltpolitische Gesamtlage abzugeben. Bei Firmen, die ich über mehrere Jahre als Hofnarr begleiten durfte, konnte ich es mir dann meist nicht verkneifen, die Voraussagen der Vorjahre noch einmal unter die Lupe zu nehmen und zu schauen, wie zutreffend die Prognosen waren.

Vieles nimmt ein anderes Ende, als man glaubt. Rat- und unterhaltsam ist es deshalb, mal den Blick in die Vergangenheit statt in die Zukunft zu werfen – zurück ins Altertum. Das Wort »Prognose« entstammt nämlich dem Altgriechischen und bedeutet wenig überraschend »Kenntnis im Voraus«. Wenn man Kenntnis davon haben möchte, wie es die alten Griechen angestellt haben, etwas im Voraus zu erfahren, versteht man, warum auch heute meist nur heiße Luft herauskommt, wenn Prognosen angestellt werden.

In Griechenland wurde das Orakel von Delphi aufgesucht, die wohl wichtigste Kultstätte der Antike, genauer gesagt: dessen amtierende weissagende Priesterin Pythia. Anfangs hat man sich mit den Auskünften allerdings reichlich Zeit gelassen, so wie es ja auch heute noch teilweise Usus in der griechischen Bürokratie ist. Es wurden nur einmal jährlich Weissagungen gesprochen, immer am Göttergeburtstag von Apollon, später immerhin einmal im Monat – allerdings mit einer dreimonatigen Winterpause, weil sich da gemäß mythologischer Vorstellung der Gott im

Norden aufhielt. Mutmaßlich ging er Skifahren. Dass es dabei schnell bergab gehen kann, weiß man ja. Das wollte aber schon damals niemand hören, vor allem dann nicht, wenn es um eine persönliche Voraussage ging. Darum ließ man die Hellseherei in der dunklen Jahreszeit lieber gleich ganz sein.

Zum Orakelspruch bedurfte es zudem immer eines Omens. Oberpriester mussten hierzu ein junges Geißlein mit eiskaltem Wasser bespritzen. Zuckte die Ziege nicht oder hatte keinen Bock auf spritzige Provokationen, gab's auch keine Prognose, und die Ratsuchenden konnten unverrichteter Dinge wieder abziehen und es in vier Wochen wieder probieren. Machte das Tier allerdings einen Mucks oder Ruck, wurde es gleich auf einem Altar geopfert. Im Anschluss nahm Pythia nackt ein Bad in einer nahe gelegenen Quelle, um rein zu sein für den anschließenden Kult. Ob die beiden bekleideten Priester, die sie begleiten durften, am Ende auch ausgezogen, also ungezogen waren und mitbaden durften, oder es am Ende nur ausbaden mussten, weiß ich nicht.

Anschließend gab es jedenfalls im Apollontempel unter der Wirkung berauschender Dämpfe rätselhafte Antworten, wobei die besagten und beredten Priester bei der Deutung der wirren Weissagungen helfen mussten. Nur Wohlhabenden wurde die Ehre der Befriedigung ihrer Zukunftsneugier ganz offenherzig mit offenen Fragen zuteil. Arme Schlucker durften nur Fragen stellen, die schlicht mit Ja oder Nein beantwortet werden konnten. Dazu musste Pythia nicht in die Trickkiste greifen, sondern nur in ein Beutelchen mit weißen Bohnen für Ja und schwarzen für Nein. Der Rest hat sie nicht die Bohne interessiert. Da man damals schon bei der Suche nach Möglichkeiten zu lukrativen Nebeneinkünften nicht unkreativ war, konnte man VIP-Karten erwerben, also Vorrechte, das Orakel vor allen anderen befragen zu dürfen, die sogenannte Promanteia, also Popanz für Prominente mit Penunze.

Was hat das alles mit Prognosen von heute zu tun? Ganz einfach: Viele vermeintliche Vorauskenntnisse ähneln im Nachhinein doch dem glücksspielartigen Griff nach Bohnen. Selbst in Schlüsselbranchen und bei Zukunftstechnologien tappten und tappen die Apologeten des Fortschritts häufig im Dunkeln. Man sollte deren Aussagen mit Vorsicht genießen, statt Hellsichtigkeit zu erwarten. Man kann es, der Zeit geschuldet, noch durchgehen lassen, dass der damalige Vorstandsvorsitzende von IBM, Thomas Watson, im Jahre 1943 sagte: »Ich denke, dass es einen Weltmarkt für vielleicht fünf Computer gibt.« Das folgende Zitat des Microsoft-Managers Brad Silverberg aus dem Jahre 1991 sollte uns die Stirn dann aber doch runzeln lassen: »DOS wird es immer geben. Wir haben erkannt, wie leidenschaftlich die Leute an DOS hängen.« Was die letzten Jahrzehnte überdauert hat, war nicht DOS, sondern Domestos. Das ist kein griechischer Gott, sondern Hygiene-Reiniger mit Aktiv-Chlor, vor allem fürs WC. Mehr oder minder für den Abfluss ist auch folgende Einschätzung von 2005, immerhin geäußert von YouTube-Gründer Steve Chen höchstpersönlich: »Es gibt einfach nicht so viele Videos, die man sich angucken möchte.« Da war einer einfach im falschen Film. Wie kann man nur so danebenliegen, wenn man Erfahrungswissen in dem Metier hat, über das man sich äußert?

Es ist sicher nicht redlich, sich im Nachhinein über Fehleinschätzungen lustig zu machen, zumal besagte Herren bei vielem anderen wohl richtiglagen. Aber zukünftige Ge-

nerationen von Genies seien doch dringend davor gewarnt, einfach so ins Blaue hinein zu spekulieren.

Bevor Sie also das Wagnis eingehen, eine Prognose abgeben zu müssen, sinnieren Sie lieber mal darüber nach, warum die Worte »Prognose« und »Proktologe« gar nicht so unähnlich klingen. Da wiederhole ich mich gern: Entscheidend ist, was hinten dabei rauskommt. Halten Sie sich lieber an eine Körperöffnung auf der anderen Seite ganz oben und denken Sie an den schönen Song von Jan Hegenberg mit dem tadellosen Titel »Einfach mal die Fresse halten«.

Disruptive Dysfunktionen

Ein beliebter Bangemach-Begriff von Trendtratschern, Krisenkennern und Angstapologeten ist »Disruption«. Die Binsenweisheit dahinter ist, dass bislang unbekannte Produkte und Dienstleistungen am Markt erscheinen, sich das Marketing und der Vertrieb gänzlich neuer Kanäle bedienen müssen und sich Entwicklungs- und Produktionszyklen verkürzen werden. Unbekannte Firmen mutieren zu mächtigen Mitbewerbern. Ein ganzer Markt kann in kürzester Zeit auf links gekrempelt werden, und nichts ist mehr, wie es war. Die Kleinsten können schon morgen die Größten sein – und umgekehrt.

Als mahnendes Beispiel für eine solche Disruption dient häufig das Schicksal des einstigen Mobiltelefonriesen Nokia, der mit der Smartphone-Revolution von Apple quasi vom Markt gefegt wurde. Meistens wird im Anschluss an diese Gruselgeschichte folgende Aufzählung heruntergebetet, die alteingesessenen Betrieben in altehrwürdigen Branchen einen Schreck einjagen soll: AirBnB hat keine eigenen Betten, Uber keine Taxis, Flixbus keine Busse, Amazon keine Ware und der Tesla-Tüftler Elon Musk keine Lizenz zum Löten. Dennoch mischen alle mit an traditionell ganz anders aufgestellten Märkten, wirbeln gehörig Staub auf und generieren gewaltige Umsätze.

Die alten Platzhirsche beschweren sich dann über die dahergelaufenen Digital-Desperados und hardwareschwachen Halbstarken, die einfach den Rahm abschöpfen wollen, obwohl sie vorher nix reingebuttert haben. Da spielen plötzlich Player mit, die weder ein Imperium oder eine internationale Infrastruktur aufgebaut haben, noch über genügend finanzielle Potenz und materielle Substanz verfügen, um in austarierten Märkten mitmischen zu können ... und machen es trotzdem. Das ist ja gerade der Trick der Digitalisierungsprofiteure: Statt Produkten bieten sie einfach Plattformen.

Alte Hasen aus der Old Economy sitzen dann geplättet vor ihren Computern, die meist immer noch von deren Vorzimmerdamen besser bedient werden können als von ihnen selbst, und sind bedient. Viele buchen dann schnell bei der IHK oder einem Branchenverband eine Start-up-Tour durch die hippe Hauptstadt Berlin. Wer mehr ausgeben möchte, fliegt gleich ins Silicon Valley. Im heimischen Hinterhof-Hotspot, dem herausgeputzten Capital-Campus oder aber der kalifornischen Gründergarage stehen dann etablierte deutsche Bedenkenträger vor selbstbewussten Selfmade-Softwarespezialisten, die sich vorkommen müssen wie im Zoo: begafft und ungläubig bestaunt. Die Start-up-Unternehmer fühlen sich womöglich gar nicht geehrt, sondern vor allem gestört. Aber das bedeutet ja Disruption: Störung! Gerne lässt man sich natürlich stören, wenn dabei ein paar Milliönchen an Investorengeldern zu holen sind. Um niemandem auf den Schlips zu treten, legen selbst die Grand-seigneurs der Großbanken bei solchen Begegnungen den Schlips ab und versuchen sich im lockeren Umgangston, nachdem es jahrelang nicht gelungen ist, die lästigen Start-ups einfach zu umgehen.

Doch überstürzte Innovations-Crashkurse in Form eines Kurztrips in die bunte Welt der Bits und Bytes sind als Rettungsversuch trotzdem zum Scheitern verurteilt. Dass Unternehmen mit langer Historie hysterisch auf hypermoderne Geschäftsideen reagieren, ist ja verständlich. Dass die Neuen beweglicher, kreativer und risikofreudiger sind, auch. Wo sollen da passgenaue Schnittstellen zwischen diesen disparaten Unternehmenskulturen entstehen? »Etablierte Unternehmen können eine Zeit lang Partner für Start-ups sein. Es ist auch schön, wenn sie Geld geben«, meint in einem Interview mit bedachter Miene der Vorstandsvorsitzende des Entrepreneurs Club Berlin, Sascha Schubert. Aber Start-ups gleich aufzukaufen, Mehrheitsanteile zu übernehmen und die heiße Bude in das eigene Unternehmen zu integrieren, schwächt beide Seiten, so die Experteneinschätzung. Oder es macht die Jungen platt und die Alten nicht satt.

Was also tun? Abwarten und Tee trinken! Am besten den hippen Mate-Tee, noch besser den zur Limonade verarbeiteten Szene-Drink Viva Mate, Club Mate oder Mio Mio Mate. Und keinen billigen Scheiß produzieren! Je komplexer ein Produkt oder eine Dienstleistung ist, desto geringer wird die Gefahr digitaler Disruption sein. Je individueller man Produkte fertigen oder Dienstleistungen anbieten kann, um so leichter lässt es sich in einer Nische überleben. Gut, wenn man sein Geld in Zukunft nicht mit dem Verkauf langlebiger Gebrauchsgüter wie Autos oder Werkzeuge verdienen und sich um steigende Absatzzahlen scheren muss. Die in Mode kommende Shareconomy wird womöglich zu deutlich weniger Produkten am Markt und zu neuen Serviceleistungen führen.

Disruption aber gab es schon immer, und es wird sie immer geben. Als die Eisenbahn erfunden wurde, fanden die Postkutschenbetreiber das auch nicht lustig. Da hilft auch nicht Durchhaltevermögen und Tatkraft, wie es der Philosoph des Wilden Westens John Wayne so schön ausgedrückt hat: »Mut ist, wenn man Todesangst hat, aber sich trotzdem in den Sattel schwingt.« Nee, Johnny, umsatteln ist manchmal die bessere Idee. Was nützt es, heldenhaft reiten zu können, wenn das Pferd schon aus dem letzten Loch pfeift?

Andererseits mag man kaum glauben, dass bei einem Wettstreit im Sauerland an einem Novembernachmittag im Jahr 2020 ein Pferdekurier Daten schneller liefern konnte als die ländliche Internetverbindung. Aus dem beschaulichen Schmallenberg-Oberkirchen hat ein Fotograf ein 4,5 Gigabyte großes Datenpaket mit Fotos zur zehn Kilometer entfernten Druckerei sowohl per Gaul als auch per Kabel versendet. Der berittene Bote mit der DVD in der Satteltasche brauchte knapp eineinhalb Stunden. Die Datenübermittlung per Down- und Upload war nach vier Stunden noch nicht abgeschlossen. Wer hätte gedacht, dass Grasfresser schneller sind als Glasfaser? Gut, das mit dem fixen Glasfaseranschluss ist in der ländlichen Idylle vielerorts bis heute ein frommer Wunsch geblieben. Da sollte sich die Telekom beim Ausbautempo mal ein Beispiel am Husarenritt nehmen und PS auf die Straße bringen.

Agil, fragil, fragwürdig

Agiles Arbeiten, agile Transformation, agiles Mindset, agile Tools, agile Rollen, agile Methoden, agile Strukturen, agile Projekte, agile Führung, agile Organisationen ... Ich weiß gar nicht, wie oft ich das Wörtchen »agil« in den letzten Jahren gehört habe. Besonders häufig aus dem Munde von Führungskräften, die damit zeigen wollten, wie modern sie agieren. Komisch fand ich dann nur, wenn bei der nächsten Gelegenheit dieselben Führungskräfte dieselben Projekte aus denselben Abteilungen wieder als agil bezeichnet haben, obwohl sich zwischenzeitlich gar nichts geändert und sich keinerlei Agilität bemerkbar gemacht hatte.

Wahrscheinlich wollen Wichtigtuer mit diesem Wörtchen nur signalisieren, dass sie den Zeitgeist verstanden haben, ihn umzusetzen wissen und – ganz wichtig! – in der ersten Liga mitspielen. »Liga« heißt rückwärts gelesen übrigens »agil«. Zäumen wir das Pferd also von hinten auf. Hinten ist meist da, wo die Mitarbeiter umsetzen müssen, was vorne verlangt wird. Und hinten kommt leider nur ganz wenig von den Botschaften an. Noch gemeiner: Selbst wenn etwas ankommt, weiß keiner, was gemeint ist.

Eine Studie mit dem sperrigen Titel »Kulturwandel in der digitalen Transformation messen und gestalten« kam zu dem Ergebnis, dass weniger als zehn Prozent aller Mitarbeiter in deutschen Unternehmen wirklich agil sind. Die repräsentative Befragung stammt von »Great Place to Work«, und als großartigen Arbeitsplatz sehen deren Befragte es hierzulande wohl an, wenn alles bleibt, wie es ist: 60 Prozent stehen der Agilität kritisch gegenüber. Andere Studien von anderen Anbietern zeigen in die gleiche Richtung. Zum

Beispiel gibt es ein »Agilitätsbarometer« vom Fachinformationsverlag Haufe. Dieses Barometer zeigt, dass die Deutschen die Agilitätsanführer im Regen stehen lassen: 90 Prozent der Mitarbeiter und 70 Prozent der Führungskräfte geben an und zu, dass sie nicht ab und zu, sondern nie agile Methoden nutzen. Die meisten agilen Methoden sind ihnen sogar unbekannt. Vier Fünftel aller befragten Mitarbeiter kennen Scrum, Swarming oder Holokratie nicht. Na, aber hallo! Der »HR-Report« der Hays AG weiß zudem zu berichten, dass nur jeder Vierte schon mal von so seltsamen Dingen wie Design Thinking, Innovationslaboren, Lean Start-ups oder anderen agilen Methoden gehört hat.

Auf der anderen Seite heißt es immer wieder von Wirtschaftsexperten, dass Agilität inzwischen als überlebensentscheidend für Unternehmen in der VUCA-Welt gilt. »VUCA« ist übrigens kein vulgärer Kraftausdruck, der dem Slang eines Gangsta-Rappers entstammt, sondern schlicht ein Akronym. Es ist die Abkürzung aus den englischen Begriffen Volatility, Uncertainty, Complexity und Ambiguity und soll die ruinösen Rahmenbedingungen für Unternehmen benennen, die in unserer unbeständigen, unsicheren, komplexen und volatilen Zeit herrschen. Der Begriff entstand vor etwa einem Vierteljahrhundert am United States Army War College, um griffig die übergriffige, multilaterale Welt nach dem Ende des Kalten Krieges zu beschreiben, wo offensichtlich jeder einen Schuss hatte.

Dass das Army War College als Thinktank seine militärische Sichtweise gern einbringt, sieht man ja an Begriffen wie »Frontend«. Damit will man Leuten klarmachen, dass sie am Ende die Front sehen. Das gilt für angehende Soldaten wie für Software-Anwender. Jedenfalls sind die vom College der Meinung, man solle agil bleiben, um den steten

Wandel zur Routine werden zu lassen oder »um das organisatorische Trauma zu reduzieren oder zu eliminieren, das viele Firmen lähmt, wenn sie sich an neue Märkte und Umgebungen anpassen wollen«. So wird Agilität zumindest bei Wikipedia erklärt, und es klingt ein bisschen paranoid.

Die ersten Anwender agiler Konzepte waren übrigens Software-Entwickler, die es satthatten, dass ursprüngliche Konzepte und geplante Vorgehensweisen ständig durch wechselnde Anforderungen über den Haufen geworfen wurden. Wie ein Virus hat sich das Thema »agiles Management« dann ausgebreitet und dominiert nun Vortragsthemen und Literatur der Managementpraxis.

Heute liegt im Trend, Entscheidungen nicht mehr ewig lange durch mehrere Hierarchieebenen durchzureichen und damit Reaktionszeiten unnötig zu verlangsamen, sondern auf eigenverantwortliche Mitarbeiter zu setzen, die sich engagieren und mitdenken, statt behäbig Dienst nach Vorschrift zu machen. Nicht forsche Vorgaben und kleinliche Kontrollen sind gefragt, sondern flache Hierarchien, in denen Befähigte mit weitreichenden Befugnissen Bedürfnisse der Kunden erfüllen, der König in der agilen Welt ist. Auf diese Weise organisiert sich das Unternehmen angeblich automatisch von außen nach innen und schafft eine schlanke, projektorientierte Organisation mit effizienten Strukturen in einer netzwerkartigen Architektur, innerhalb der sich anlassbezogen autonome Teams herausbilden.

Wer's glaubt, wird selig. Sehr gerne verwendet man Spinnennetze zur Visualisierung dieser agilen Teams. Das denken sich auch Außenstehende: Die spinnen! Immerhin lässt das Konzept der Spinner komplexe Gedankenknoten in den Köpfen der Managerinnen und Manager zurück, die sich in dieser neuen Welt zurechtfinden sollen. Das bestätigt zu-

Wenn Sie sich vielleicht selber kurz vorstellen. Sind Sie ein Mensch? Sind Sie eine Maschine?

mindest eine Studie der Akademie für Führungskräfte. Sich selbst trauen Führungskräfte nämlich eine ganze Menge zu. 81,5 Prozent sagen: »Ich selbst bin in der Lage, in einer agilen Organisation erfolgreich zu sein.« Mehr als die Hälfte der 365 befragten Führungskräfte glaubt allerdings nicht, dass ihr eigenes Unternehmen schon agil sei oder es bald werden würde. Auf die Idee, dass sie es selbst sind, die den Hebel umlegen müssten, damit agiles Denken Fahrt aufnimmt, scheinen die Managenden nicht zu kommen. Als Bremser sehen sie sich allerdings nicht selbst, sondern vielmehr das »Silodenken in den einzelnen Unternehmensteilen«. Der »Future Organization Report« der Unternehmensberatung Campana & Schott kommt sogar zu dem unschlüssigen Schluss, dass selbst in den Unternehmen, in denen mit agilen Methoden gearbeitet wird, das entsprechende agile Mindset fehlt oder in den Köpfen gar nicht verankert ist.

Liebe Unternehmensberater und Campaneros, das ist doch gerade die Grundidee von Agilität: eben nichts zu verankern, sondern immer schön locker zu bleiben. Denn wer agil ist, erreicht auch seine Ziele easy. Blöd ist nur, dass die sehr erfolgreichen und sehr agilen Unternehmen nach zehn Jahren gar nicht mehr existieren, weil sie sich schon längst in flexible, kleine neue Firmen aufgesplittet haben, die noch agiler sein können. Sei's drum, Scrum drüber!

Scrumbled Eggheads

Teams atmen auf, Trainer jubeln und Tatendurstige klatschen begeistert in die Hände, wenn man Tools und Techniken aus dem Hut zaubern kann, die Projekte retten, die sonst scheitern würden. Besonders groß ist die Verzückung, wenn es sich bei den Rettungsinstrumenten um bewährte Vorgehensweisen handelt, die ihren Siegeszug bereits erfolgreich angetreten haben und dann irgendwo anders angewendet werden können – in der berechtigten Hoffnung, dass es da auch klappt.

Wovon wir hier reden, ist Scrum! Manchmal, wenn ich in den letzten Jahren bei Briefings gefragt worden bin, ob ich davon schon einmal etwas gehört hätte, sah man mich dabei an, als würde man befürchten, einem Hinterwäldler die Segen des urbanen Lebens erklären zu müssen – bereit, mich zu missionieren. Ich aber kann dann beruhigt abwinken. Ich weiß Bescheid! Unter Scrum versteht man eine Vorgehensweise bei Projekten, die so komplex sind, dass keiner mehr die kompletten Anforderungen, Bedingungen und Beweggründe kapiert, geschweige denn vor Augen hätte, wer was wie für wen bis wann machen müsste.

Hauptsächlich wird Scrum bei der Softwareentwicklung eingesetzt. Es beruht auf der bitteren Erkenntnis, dass bei vielen Aufgaben die optimale Lösung völlig im Dunkeln liegt und auch der Weg dorthin unbekannt ist. Statt auf Erleuchtung zu warten und einen großen Plan zu schmieden, begnügt man sich bei Scrum mit kleinen Zwischenergebnissen – also Funzeln statt Strahlen. So kann man Stück für Stück an der Lösung feilen und braucht immer nur das nächste Etappenziel festzulegen.

Den Namen Scrum, auf deutsch »Gedränge«, haben sich die beiden japanischen Wirtschaftsprofessoren Ikujiro Nonaka und Hirotaka Takeuchi ausgedacht. Er beschreibt das Gedränge und Gebolze im Rugby als Analogie für erfolgreiche Businessmannschaften, die es gewöhnt sind, sich herumschubsen zu lassen. Diese Teams arbeiten als kleine saustarke, autarke Einheiten und bekommen von außen nur einen Schub in die ungefähre Richtung, in die es gehen soll. Tempo, Taktik und To-dos bestimmen sie selbst.

Wobei, ganz so anarchistisch geht es auch wieder nicht zu. Rollen werden schon verteilt für den Haufen der Hoffnungsträger, also die Beteiligten an dem Prozess: Product Owner, ScrumMaster und Stakeholder. Die Ersten formulieren fachliche Anforderungen, die Zweiten räumen Hindernisse aus dem Weg und organisieren das Chaos, die Letzten beobachten und geben kluge Ratschläge, wenn die anderen nur noch die Hände über dem Kopf zusammenschlagen.

Wenn man meint, mit diesen Vorgaben könnte man schon loslegen, ist man allerdings auf dem Holzweg. Jetzt müssen erst mal die Spielregeln erklärt werden. Die Anforderungen heißen ab sofort Requirements und werden in einer Liste, die man Product Backlog nennt, aufgezählt, dann priorisiert, später verändert und schließlich erweitert. Aus dem Berg an Bedarfsanforderungen schnürt man überschaubare Arbeitspakete, die man als Increment bezeichnet, während Exkrement nach wie vor der Scheiß ist, der einem stinkt. Unteraufgaben werden Tasks genannt. Alles muss ständig in Absprache mit den Product Ownern nach Dringlichkeit sortiert werden. Was man aus dem Product Backlog in Angriff nimmt, muss außerdem festgehalten und getestet werden, sonst blickt am Ende überhaupt keiner mehr durch, was man schon alles versucht hat und was noch nicht. Damit einem wenigstens in den kleinen Tasks niemand dazwischengrätscht, dürfen angefangene Increments während der laufenden Iteration, dem sogenannten Sprint, nicht durch Zusatzanforderungen modifiziert werden, sonst kommt man ja zu gar keinem brauchbaren Zwischenergebnis. Die Teams müssen sich übrigens täglich abstimmen, in viertelstündigen Daily Scrum Meetings, damit jeder weiß, was der andere gerade macht und was er als Nächstes im Schilde führen möchte. Am Ende jedes Sprints gibt es größere Präsentationen vor dem Product Owner und den Stakeholders, sogenannte Sprint Review Meetings. Da sollte dann irgendwas Kleines schon mal funktionieren. Nach Feedback und Fragen werden neue Anforderungen definiert, die dann ins nächste Sprint Planning Meeting einfließen. Und schon kann die nächste Runde beginnen ...

Das Prozedere habe ich deshalb so ausführlich erläutert, damit klar wird, wie leicht man den Überblick verlieren kann – obwohl es doch gerade darum geht, alles zu vereinfachen. Zumindest steht als Erklärung von »Scrum« auf Wikipedia Folgendes: »Bei der Umsetzung jedes Iterationsschritts ist das Ziel Einfachheit, Überschaubarkeit und Modularität.« Um ehrlich zu sein, steht das gar nicht bei »Scrum«, sondern bei dem Begriff »iterativ«. Denn als ich im Wikipedia-Eintrag zu dem Schlagwort »Scrum« las: »Der Ansatz von Scrum ist empirisch, inkrementell und iterativ«, musste ich erst mal nachschlagen, was das bedeutet.

Ich fürchte, viele Manager, die mit dem Scrum-Vokabular nicht vertraut sind, dürften spätestens nach dem ersten Fremdwort aussteigen. Selbst Wikipedia-Autoren brauchen 400 Wörter, um »inkrementell« und »iterativ« halbwegs nachvollziehbar zu erklären.

Zu einfach will man es den Leuten beim Einfachmachen also doch nicht machen. Deshalb bedarf es auch noch weiterer Hilfsmittel, um wiederum die Einführung von Scrum zu erleichtern. Da wären zum Beispiel diverse Werkzeuge wie Agilo, AgileZen, Agile Manager, Banana Scrum, Eylean Board, Jira Agile, OpenProject, Pangoscrum, Pivotal Tracker, Redmine, ScrumTable, Scrumwise, ScrumWorks Pro, taiga.

io, Team Foundation Server, TeamForge, Tinypm, Thought-Works Studios, VersionOne sowie verschiedene Plug-ins und individuelle Teamtools.

An der Zahl der angebotenen Hilfsmittel lässt sich schon ablesen, wie kompliziert und komplex es sein kann, Dinge kinderleicht zu machen. Klar, dass das keiner im Griff hat, der sowieso schon mit seinem Projekt überfordert ist. Deswegen gibt es von verschiedenen Anbietern Fortbildungskurse von der Basiszertifizierung über Zertifizierungen für Fortgeschrittene bis hin zu Experten (Professionals) und schließlich Guide Levels für Anleiter. Und bei Scrum wird auch das noch komplizierter gemacht. So sind schon die Basiszertifizierungen natürlich nach Rollen unterteilt in CSM, CSPO und CSD, also Certified ScrumMaster, Certified Scrum Product Owner und Certified Scrum Developer. Die schönen Titel bekommt man übrigens nur, wenn man im Seminar eines CST war, also eines zertifizierten Trainers. Man kann eine Foundation-Prüfung ablegen, nach der man die Grundlagen des Scrum Framework beherrscht, oder aber nur die Spielregeln lernen, mit denen man Scrum in seiner Firma anwenden kann.

Bis man eine solche Zertifizierung in Händen hält, kann es allerdings sein, dass das Projekt schon abgeschlossen ist, für das man meinte, die Fortbildung zu brauchen. Noch wahrscheinlicher ist, dass man den Auftrag zwischenzeitlich an einen Mitbewerber verloren hat, der einfach mal loslegte und was machte, statt sich darauf zu kaprizieren, erst mal Komplexitäten zu reduzieren, und damit letztlich nur neue zu schaffen.

Berater, die grauen(haften) Eminenzen

Wenn bei meinen Besuchsterminen bei Firmen die Rede auf Berater, Consultants und Konsorten kommt, sind meine Gesprächspartner auf diese Typen oft nicht gut zu sprechen – es sei denn, sie zählen zur Führungsebene. Woran liegt das? Nun, Unternehmensberater kommen meist ins Spiel, wenn es nicht mehr so rund läuft wie geplant oder erhofft. Wenn sie angeheuert werden, geht es oft darum, Kosten zu sparen – also lieber in den sauren Apfel zu beißen, bevor er womöglich verdirbt. Eigentlich steht aber schon von vornherein fest, dass kein Weg daran vorbeiführt, die Faulen auszumisten – um im Beispiel mit dem Obst zu bleiben. An Entlassungen führt oft kein Weg vorbei. Diese schlechte Nachricht aber möchte kaum ein Chef den Mitarbeitern ohne die Expertise eines externen Fachmanns präsentieren. Nicht nur, weil man es schwer übers Herz bringt, Leute auf die Straße setzen zu müssen, sondern weil es auch Sympathiepunkte kosten könnte (außer den Shareholdern gegenüber vielleicht).

Folglich beauftragt man Berater, die sich fürstlich dafür entlohnen lassen, ihren Kopf hinzuhalten, wenn unpopuläre Entscheidungen verkündet werden müssen. Berater braucht man nämlich oft gar nicht dazu, sich beraten zu lassen, sondern um aus berufenem beziehungsweise gerufenem Munde unangenehme Entscheidungen rechtfertigen zu lassen, die schon getroffen worden waren, lange bevor der Berater beauftragt wurde.

»Der Überbringer der schlechten Botschaft wird bestraft.« Das schrieb schon der griechische Schriftsteller Pausanius

Abzüglich meines Beraterhonorars sind Sie zwar pleite, aber wenn Sie mich als Insolvenzverwalter beauftragen, würde ich einen Teil dieser Kosten versuchen, wieder reinzuholen...

im zweiten Jahrhundert nach Christus. Der Name Pausanius lässt schon erahnen, dass es manchmal besser ist, eine Pause einzulegen, wenn schmerzhafte Einschnitte und schlechte Stimmung im Laden drohen. Soll lieber ein anderer alt aussehen, selbst wenn der kein so alter Grieche ist wie Pausanius. Dazu gibt es Unternehmensberater. Die argumentieren immerhin professionell mit Tabellen voller Fakten und Zahlen und Korrelationen, die keiner versteht, und verschwinden meist dann wieder, wenn die Betroffenen einen großen Schreck und sie selbst einen dicken Scheck bekommen haben.

Berater geben gern Berichte an die Auftraggeber ab, während sie sonst nur ungern etwas von dem abgeben, das sie erreicht haben. Manchmal werden Berichte auch nicht nur einfach abgegeben, sondern erstattet. Das klingt fast so, als würde der Auftraggeber Geld zurückbekommen. Was dank geplanter Personaleinsparung ja auch eintreten sollte, wenn die Ratschläge des Beraters befolgt werden. Und das alles nur, weil keine der Führungskräfte den Mut hatte, das selbst in die Hand zu nehmen. Denn mal ehrlich: Was will ein Berater besser wissen können als langjährige Branchenkenner, also das eigene Management? Eigentlich kann ein Berater, der nicht selbst jahrelang mit den spezifischen Auftraggeberproblemen zu kämpfen hatte, mangels Erfahrung nichts mit Sicherheit wissen. Er kann nur raten. Darum heißt es wahrscheinlich auch »Berater« und nicht etwa »Bewisser«. Erstaunlich ist meiner Erfahrung nach auch, wie oft Mitarbeitende eigentlich selbst wissen, wo Probleme stecken und Einsparungspotenziale zu finden wären – aber in einer Unternehmenskultur leben, in der dieses Feedback an die Führungskräfte unerwünscht ist.

Ein Berater kann keine Wunder bewirken, eher Wunden

verursachen, also tiefe Einschnitte, über die man sich nur wundern kann, da sie von der Belegschaft oft als unnötig verursachte Schmerzen empfunden werden.

In Deutschland gibt es übrigens 125.000 Unternehmensberater, aber nur 79.000 Unternehmen mit mehr als 50 Mitarbeitern – also einer Personenanzahl, bei der ab und an externer Beratungsbedarf bestehen dürfte. Zumindest ist damit zu rechnen, dass ab einem halben Hundert Handelnder auch einige Verhinderer dabei sind, denen mal von außen auf den Zahn gefühlt werden müsste. Wenn jedes dieser 79.000 Unternehmen mehr oder weniger gleichzeitig Beratungsbedarf hat, stehen jeder Firma rein statistisch gut eineinhalb Berater zur Verfügung. Da stellt sich die Frage, ob bei dem halben von den eineinhalb Beratern die obere oder untere Körperhälfte zur Beratung herangezogen wird, also einer, der mit Verstand und Bauchgefühl agieren kann oder der, der kopflos durch die Firma irrt, und auch anderen nur Beine machen will.

Angesichts dieser Zahlen überrascht es auch nicht, dass das Beratungswesen zu den größten Wachstumsbranchen gehört. Allein die zehn größten deutschen Firmen kommen mit ihren gut 8000 Mitarbeitern auf über zwei Milliarden Euro Jahresumsatz. Und wachsen weiter – oft zweistellig, womit sie meist ihre eigenen Prognosen übertreffen. Während das für die jeweilige Beraterfirma fraglos Grund zur Freude ist, sollte diese fehlerhafte Voraussage allein den potenziellen Auftraggebern eigentlich bereits Anlass zu Zweifeln geben, wie exakt Berater den genauen Bedarf ihrer Kunden und deren Kunden analysieren können – wenn sie schon den eigenen falsch einschätzen.

Nichtsdestotrotz wählen Firmen, wenn sie auf Nummer sicher gehen wollen, vorzugsweise Berater aus den drei größten Beratungsunternehmen, die deutschlandweit vertreten sind. Das sind die heimische Roland Berger Strategy Consultants GmbH sowie die beiden Global Player McKinsey & Company und The Boston Consulting Group. Berger macht in Deutschland eine halbe Milliarde Umsatz, die beiden Letztgenannten zusammen 12 Milliarden, allerdings weltweit und in Dollar. In jedem Fall haben sie vom Start weg Dollarzeichen in den Augen.

Wie nennt man eigentlich einen Teilhaber einer Consulting Group? Groupie etwa, oder Croupier? Um hohe Absätze und Geldeinsammeln geht es jedenfalls. Immerhin verdienen allein deren normal qualifizierte Angestellte im Schnitt über 70.000 Euro im Jahr, egal, wie geschickt sie sich anstellen. Geschickt werden sie auf jeden Fall, nämlich zum Kunden. Dort verdient ein normaler Angestellter in Deutschland zwar genauso viel Respekt, aber nur ein Durchschnittsgehalt von 41.000 Euro.

Um als Berater horrende Honorare zu rechtfertigen, muss man allerdings auch wirklich was leisten. Man muss nicht nur Ideen liefern, bevor die Firma geliefert ist, sondern die Vorschläge auch im Brustton der Überzeugung unterbreiten. In der Beraterbranche heißt »vorschlagen«, dass man zuschlägt, bevor es ein anderer tut. Da kommt es darauf an, im dominanten Tonfall eines Bosses aufzutreten. »Boss-Ton« kommt ja praktisch in »Boston Consulting« vor.

Vielleicht sind es ja wirklich nur die Firmennamen der Beratungsgrößen, die Auftraggeber dazu verleiten, Mandate zu erteilen – wenn auch unterbewusst. An Roland Berger zum Beispiel. Da denkt man doch schon beim Vornamen an das stattliche Standbild eines Ritters mit Schwert, dem Sinnbild der Eigenständigkeit. Ein Schwert hat zwar keiner der Berater, aber beschwert haben sich sicher schon einige über jene Spesenritter unter den Beratern, die glauben, als Retter der Welt unterwegs zu sein – zumindest jenem Teil der heruntergewirtschafteten Wirtschaftswelt, die dringend der Rettung bedarf. Berger fängt, rein phonetisch natürlich, mit einem »Bääh!« an und hört mit Ärger auf. Wer kann sich in seiner Unternehmensmisere also nicht in diesem Namen wiederfinden?

McKinsey weckt noch stimmigere Assoziationen. Da schwingt der meckernde, geizige Schotte im Namen mit, der von der sprichwörtlichen Sparsamkeit Zeugnis ablegt. Das mit dem Sparen überzeugt letztendlich auch Auftraggeber eines Beraters – gerade dann, wenn er am Ende erkennt, dass er sich auch den Berater hätte sparen können. Wer andere von oben herab behandelt, sieht auf alle herab. Besser ist, nach oben zu schauen und sich zu strecken. Dann kann man das Kinn sehen. Hören Sie die Ähnlichkeit von »Kinn seh'« und »Kinsey«? Wenn ja, haben Sie entweder zu viel schottischen Whisky intus, oder Sie machen sich gerade auf Kosten bewanderter Berater lustig. Es geht aber nicht ums Wandern, auch wenn man das in Schottland sehr gut kann – sondern darum, dass einem die Kinnlade auch mal runterhängen kann, wenn man sich anschaut, wie McKinsey-Berater vorgehen.

Deren Beratung für eine Klinikgesellschaft in Berlin beinhaltete allen Ernstes die finalen Vorschläge, die Räume seltener zu reinigen, die Rettungsstelle mit weniger Leuten zu besetzen und den Pförtner abzuschaffen. Genial! Denn wenn keiner am Empfang sitzt, Sanitäter fehlen und die Hygiene zu wünschen übrig lässt, kann man nicht nur Kosten sparen, sondern den Laden bald ganz zumachen. Mehr Einsparung geht nicht. Aber das schreibt ja McKinsey auf seiner Homepage: Die wollen »für außergewöhnliche Menschen ein außergewöhnliches Berufsumfeld« schaffen. *Außergewöhnlich* heißt in unserem Beispiel, kompetente Leute wie Pförtner, Erste-Hilfe-Kräfte und Reinigungsfachkräfte an die frische Luft zu setzen, damit die sich schon mal an *Außen gewöhnen* können.

Kein Wunder, dass Unternehmensberater in Deutschland von allen gemessenen Berufsprestiges den allerschlechtesten Wert erreichen. Nur ein Prozent der Menschen können dem Berufsstand irgendetwas Positives abgewinnen, zumindest laut einer aktuellen Studie von exeo Strategic Consulting und Rogator. Darin ist zu lesen, dass die überwiegende Mehrheit der immerhin 2500 Befragten Berater für wenig vertrauenswürdig, nicht systemrelevant und kaum sozial engagiert halten. Überraschend in der gleichen Umfrage ist, dass sich dennoch 16 Prozent der Deutschen vorstellen können, als Berater zu arbeiten. Es gibt also genug schräge Vögel, die mal für richtig zwielichtig, überflüssig und egozentrisch gehalten werden wollen.

Meist lösen die externen Experten zu Beginn ihres Einsatzes bei der Belegschaft wenig Begeisterung aus. Berater gelten für Mitarbeiter vieler Unternehmen als Arbeitsplatzvernichter und Standortbestatter, nicht etwa als Retter in der Not. Man meidet sie, spricht nicht mit ihnen, lässt sie in der Kantine alleine sitzen und stets spüren, dass man froh ist, wenn sie wieder weg sind. Die Skepsis, die Beratern entgegengebracht wird, wird selbst von Beratern als nicht unbegründet angesehen. Der ehemalige Insider und gestandene Berater Karsten Sauer gestand vor ein paar Jahren in einem Buch, was man als Junior-Berater zu tun hat: »Ich soll Wissen weitergeben, das ich nicht habe.«

Immerhin bringen die Berater durch ihr professionalisiertes, strategisches Nichtwissen ihre eigenen Schäfchen ins Trockene. Oder auch nicht, wie folgender Witz illustriert, der mir schon mehrfach erzählt worden ist, als das Thema auf Berater kam: Vor einer Herde Schafe hält ein Sportwagen. Ein junger Anzugträger steigt aus und fragt den Hirten: »Wenn ich weiß, wie viele Schafe hier sind, darf ich mir dann ein Schaf mitnehmen?«

Der Schäfer ist überrascht, stimmt aber zu. Der junge Mann zieht einen Laptop heraus und verbindet sich mit einem Erdbeobachtungssatelliten. Dann startet er sein Analyseprogramm. »Sie haben exakt 297 Schafe!«

Der Hirte nickt nur, und der junge Mann packt ein Tier. Bevor er einsteigen und abfahren kann, macht der Hirte ihm jedoch einen Vorschlag: »Wenn ich Ihren Beruf errate, kriege ich dann mein Tier zurück?« Der junge Mann stimmt zu.

»Sie müssen Unternehmensberater sein«, sagt der Schäfer. Der Berater wundert sich und fragt den Schäfer, woher er das weiß.

»Ganz einfach«, erklärt der Schäfer. »Sie hat keiner gerufen, und Sie sagen mir nur, was ich selbst schon weiß. Und jetzt geben Sie mir bitte meinen Schäferhund zurück.«

Fusionen und Konfusionen

Egal, ob Pharma-, Finanz- oder Versicherungsbranche: Bei vielen Fusionen, die ich miterlebt habe, wurden Mitarbeiter und Manager nicht gescheiter, sondern sind gescheitert. Das Wort »Übernahme« lässt ja schon befürchten, dass sich da jemand übernehmen wird. Und das ist nicht nur die Meinung eines Wortspielers, sondern auch die von Wissenschaftlern, zum Beispiel des Strategie-Experten an der Lancaster University Management School in Großbritannien, Professor Florian Bauer: »Mancher Topmanager wird von Machtgelüsten getrieben oder will sich mit einem Megadeal ein Denkmal setzen«, sagte der in einem Fachbeitrag, und meinte, dass Selbstverliebtheit und Egomanie bei vielen Fusionstreibern größer seien als das Verständnis der Ökonomie. Da rechnet man sich als Individuum alle Chancen aus. Leider rechnet man aber nicht mit dem Schlimmsten für alle, so wie es der Ökonom Lars Schweizer von der Goethe-Universität Frankfurt vormacht. Er wertet einfach Studien aus, statt Visionen zu entwerfen, und kommt zu dem Schluss: »Zwei von drei Unternehmensübernahmen scheitern.«

Wenn man das zur Kenntnis nimmt, braucht man sich auch nicht zu wundern, dass es gerade bei Großfusionen zu Konfusionen kommt, wie die Kaufhauskonkurrenten Karstadt und Kaufhof, die Stahlriesen Thyssen-Krupp und Tata Steel oder die Wohnimmobilien-Giganten Vonovia und Deutsche Wohnen gezeigt haben. Am Anfang träumt man von Synergie-Effekten, weil das so schön nach Sinn und Energie klingt. Doch am Ende muss man sich enttäuscht eingestehen, dass Synergie nichts anderes ist als das Zusammenwirken von Kräften, wie es schon Aristoteles beschrieben hat: »Das Ganze ist mehr als die Summe seiner Teile.«

Auf dieser These basiert der Holismus – eine Ganzheitslehre, die ziemlich hohl ist. Zumindest, wenn man sie dazu missbraucht, Aristoteles auf den Kopf zu stellen, indem man postuliert, dass es in Summe nicht auffiele, wenn man beim Ganzen einige Teile weglässt. Das aber ist gerade der Sinn von Fusionen: Einsparungen! Der Wunsch, Werke zu vereinen, ist beseelt von der Vorstellung, dass viele Arbeiten dann nicht doppelt gemacht werden müssten und man aus einer Einheit heraus an einem Strang ziehen könne.

Gerade Verwaltungstätigkeiten scheinen sich in den Augen Unbedarfter anzubieten, gemeinsame Sache zu machen. Weit gefehlt: Keine Belegschaft opfert lieb gewonnene Prozessabläufe widerstandslos auf dem Altar der Effizienz. Um den Erhalt von Unternehmenskulturen, unnützen Verfahrensweisen und überflüssigen Standpunkten und -orten wird bis aufs Blut gekämpft. Am Ende kostet die Verarztung der Verletzungen und Befindlichkeitsstörungen mehr, als der Zusammenschluss an möglichen Einspareffekten hätte bringen können.

Beispiele solchen grandiosen Scheiterns gibt es genug. Wer erinnert sich nicht an die sogenannte »Welt-AG«, die man bei Daimler zimmern wollte. Damals war man in Schwaben der Meinung, man müsste zum integrierten Technologiekonzern aufsteigen, indem man den schon damals defizitären Waschmaschinenhersteller AEG kaufte. Das war immerhin die bis dahin größte Firmenübernahme der deutschen Wirtschaftsgeschichte. Das folgende Fiasko hatte sich ja auch gewaschen. Bereut hat es der damalige Vorstandsvorsitzende Edzard Reuter dennoch nicht, obwohl sein Konzernumbau durch Käufe, Betriebsverluste der neuen Gesellschaften und Wertberichtigungen einen Verlust von rund 36 Milliarden DM bescherte. Diese Summe gilt laut Wirtschaftswissenschaftler und Hauptversammlungsschreck Ekkehard Wenger als die »größte Kapitalvernichtung, die es jemals in Deutschland zu Friedenszeiten gegeben hat«.

Das setzt natürlich Maßstäbe. Da wollte sich Reuters Nachfolger Jürgen Schrempp nicht lumpen lassen und bewerkstelligte wiederum, dass Wert und Gewinn gewaltig verschrumpelten. 1998 fädelte er die bis dahin größte Fusion der Industriegeschichte ein: die Verschmelzung von Daimler und Chrysler. Und das zu einem Zeitpunkt, als Konkurrent BMW bei seinem Zukauf aus Großbritannien, Rover, schon die Notbremse gezogen und sich getrennt hatte, weil man einsehen musste, dass eine Premium- und eine Volumenmarke nicht zusammenpassen und man mit dem vergeblichen Übertünchen der Unterschiede nur gewaltige Kosten auftürmte. Doch der Sturschädel Schrempp, der »Bulldozer von Daimler-Benz«, wie ihn die »Business Week« damals nannte, meinte es besser zu wissen. Alles in allem kostete Daimler der Spaß nach neun Jahren unglücklicher Ehe rund 40 Milliarden Euro, die man am Ende abschreiben konnte. Der Automobilbranchenanalyst Jürgen Pieper geht davon aus, dass allein die Investitionen bei Chrysler in dieser Zeit mit 30 Milliarden Euro zu Buche schlugen.

Jürgen Schrempp hat zur Ankündigung dieser Wahnsinnstat übrigens noch von einer »Hochzeit, die im Himmel geschlossen« wird, gesprochen. Vielleicht hat er damals schon daran gedacht, dass einige in den Himmel kommen, also Leichen seinen Weg pflastern werden – symbolisch gesprochen, versteht sich. Wovon er jedenfalls träumte, war die Steigerung der gemeinsamen Umsatzzahl von 118 Milliarden Euro. Die Dividende sollte ja auch auf fast das Dreifache der Vorjahresausschüttung steigen. Bei den Amis lief die Fusion übrigens deshalb so glatt, weil der Chrysler-Vorstand Robert Eaton nach der Fusion 10,2 Millionen Euro Jahresgehalt bekam, und Jürgen Schrempp 1,4 Millionen Euro.

Wo wir beim Geld sind, sei noch erwähnt, dass Scheidungen bei Firmen nicht viel anders ablaufen als im Privatleben: Es geht schmutzig zu. Daimler trennte sich 2007 von

Chrysler. Die Aktionäre stimmten erleichtert zu – in der Hoffnung, das lästige Kapitel abschließen zu können. Unterhaltszahlungen musste Daimler aber trotzdem noch blechen: Chrysler bekam im Jahr nach der Trennung einen Kredit in Höhe von 1,15 Milliarden Dollar von Daimler, der nicht zurückgezahlt werden musste.

Um so was durchzusetzen, muss knallhart verhandelt werden, und manchmal fliegen auch die Fetzen. Aber nicht nur *nach* Trennungen, sondern bereits *vor* Zusammenschlüssen! Oft gehen Fusionen spektakuläre Schlachten voraus. So war es zum Beispiel bei Mannesmann und Vodafone, wiederum die bis dahin größte Fusion aller Zeiten. Am Ende musste Vodafone für Mannesmann 202 Milliarden Dollar auf den Tisch legen. Danach zerschlug man den Mannesmann-Konzern, vernichtete Tausende Arbeitsplätze und verkaufte Teile zu Schrott-, pardon, Spottpreisen. Die Röhrenwerke gingen für einen Euro an Salzgitter, denn Vodafone war ja nur an der Mobilfunksparte interessiert. In die Röhre schauen wollte dort keiner.

Geld kann man auch verbrennen, indem man Firmen kauft, gegen die gerade Verbraucherprozesse angestrengt werden. So hat es der Chemiekonzern Bayer gemacht, als er mit einer 66 Milliarden Dollar schweren Übernahme des US-Saatgutherstellers Monsanto den größten ausländischen Zukauf eines deutschen Konzerns unter Dach und Fach brachte. Dafür musste Bayer sich kartellrechtlich verpflichten, fast sein gesamtes weltweites Geschäft für Saatgut und ein paar Pflanzenschutzmittel einschließlich Forschung an BASF abzugeben. Dafür hat man sich neue Herausforderungen gesucht: Monsanto wurde ein paar Monate nach der Fusion von einem kalifornischen Geschworenengericht zu einem Schadenersatz von 289 Millionen Dollar an ein

Krebsopfer verurteilt. Da etwa fünftausend ähnliche Klagen von Krebsgeschädigten in den USA anstehen, brach der Aktienkurs von Bayer sofort um elf Prozent ein. So schnell, wie Bayer da trotz Vorwissen über die Problematik Geld verloren hat, kann man nicht mal Unkraut vernichten.

Doch blühende Allmachtsfantasien haben im Land der unbegrenzten Möglichkeiten Tradition. Der Internetpionier AOL und der Unterhaltungsriese Time Warner ließen sich ihre Ehe über 164 Milliarden US-Dollar kosten. Der Börsenwert der Unternehmen ist seitdem stetig gefallen. AOL wurde 2015 für schlappe 4,4 Milliarden verkauft. Da kann man nur Bauklötze staunen.

Ach ja, unser größter privatwirtschaftlicher Vermieter in Deutschland, die Vonovia, die vor der Fusion innerhalb von zehn Jahren die Marktkapitalisierung und somit ihren Börsenwert nahezu verzehnfacht hat, verlor im ersten Jahr nach der Fusion trotz steigender Mietpreise und Wohnungsknappheit wieder die Hälfte ihres Börsenwertes, also rund 17 Milliarden Euro.

Man sollte meinen, dass versierte Mergers- und Acquisitions-Spezialisten bei solch exemplarischen Exodussen und eklatanten Misserfolgen kalte Füße bekommen. Aber eher werden sie unruhig. Restless-Legs-Syndrom nennt man das, wenn es sich anfühlt, als würde Strom durch die Füße fließen. Verantwortlich dafür sind wohl die Fuß-Ionen.

Chefchen ins Trockene bringen

Ein Auftritt in der Schweiz vor einigen Jahren für eine genossenschaftliche Unternehmensberatung hat mich wachgerüttelt: Selbst in der Schweiz, wo Bestehendes gepflegt, Alteingesessenes akurat geführt und Vermögen diskret vermehrt und vererbt wird, hapert es bei der geregelten Nachfolge mittelständischer Unternehmen. Das bringt Wirtschaftsanalysten in Switzerland ins Schwitzen. Eine landesweite Nachfolgestudie förderte damals nämlich zutage, dass von immerhin einer halben Million untersuchter Schweizer KMUs etwa zehn Prozent einem Inhaber gehören, der 60 Jahre oder mehr auf dem Buckel hat und sich folglich um einen Nachfolger kümmern müsste, damit nach ihm die Firma nicht verkümmert oder gar tote Hose herrscht. Dabei ist in den Firmen mit 50 bis 250 Beschäftigten die Not der ungelösten Übergabe an einen Nachfolger am größten. Ein gutes Drittel dieser Unternehmer hat dennoch nichts unternommen!

Wie schlimm muss es dann erst in Deutschland sein, habe ich mir gedacht – auch eingedenk der vielen rüstigen Senioren, die ich bei zahlreichen Veranstaltungen als Inhaber florierender Unternehmen kennenlernen durfte? Um nicht lange um den heißen Brei herumzureden: Bei uns ist es doppelt so schlimm! Die Deutsche Industrie- und Handelskammer (DIHK) versandte einen Newsletter, in dem sie zwar nicht den Untergang des Abendlandes, aber die Gefährdung des Standortes Deutschland heraufbeschwor. Der Grund: ungelöste Unternehmensnachfolgen. In Zahlen: Rund eine Million Firmeninhaber in Deutschland wären in den nächsten zehn Jahren reif für den Ruhestand. Doch an Aufhören wollen die Ergrauten gar nicht denken, denn wovor denen graut: Es gibt kein qualifiziertes Personal. Zumindest bilden sich die Vorgänger ein, dass kein Nachfolger die Ausbildung mitbringt, die notwendig wäre, um das Kind zu schaukeln. Und selbst, wenn das anders wäre, gäbe es nicht genug, um alle frei werdenden Chefsessel mit kompetenten Kräften zu besetzen. Hinzu kommen Luxusprobleme: Wer als Nachfolger infrage käme, wählt fraglos lieber eine hoch dotierte Anstellung ohne bürokratischen Ärger, als den Stress, den Firmengesamtverantwortliche haben.

Die Konsequenz: Die Hälfte aller Senior-Unternehmer hat keinen passenden Junior in Sicht. Kein Wunder also, dass Spekulationen grassieren, selbst gesunde mittelständische Unternehmen schließen zu müssen, wenn der Senior mal schwer krank wird oder aufgrund von Demenz falsche Schlüsse zieht. Und da dies kein Szenario vernachlässigbarer Einzelfälle ist, sieht die DIHK ein gravierendes Problem auf uns zukommen. Über 150.000 Firmen stehen allein in den nächsten paar Jahren vor dem Generationswechsel.

Firmenchefs sollten sich also vor allem darum Sorgen machen, wie es mal ohne sie weitergeht. Laut DIHK sind 43 Prozent aller Unternehmer auf so etwas in keiner Weise vorbereitet. 40 Prozent hingegen halten ihre Firma für eine unterbewertete Goldgrube und haben völlig überzogene, unrealistische Preiserwartungen. Diese Firmenchefs rechnen laut DIHK-Studie deshalb mit einem überhöhten Verkaufspreis und finden niemanden, der die geforderte Summe hinblättert und sie ablösen möchte.

Hinzu kommt die unliebsame Wahrheit, die wohl in den meisten Fällen zutrifft, obwohl nur gut ein Drittel der Befragten sie offen einräumt: 36 Prozent können emotional nicht loslassen. Sie trauen keinem zu, ihr Lebenswerk zu sichern, ihren Ruhm zu mehren und ihre Großartig- und Einmaligkeit für die Ewigkeit festzuschreiben.

So sind vielerorts wackere 80-Jährige noch auf der Kommandobrücke unterwegs und steuern so manches Roll-out

Es ist nicht so, dass ich Ihnen
nichts zutraue, das genaue
Gegenteil ist mein Problem.

statt eines Rollators – während Letzterer bei vielen Altersgenossen das Einzige ist, was die noch ins Rollen bringen kann. Die Senioren wollen auch gar nicht das Steuer aus der Hand geben, denn keiner kennt den Laden so gut wie sie. Selbst wenn aufstrebende, willige Nachfolger ackern wie ein Gaul, sollen die sich in den Augen der alten Anführer erst mal ihre Sporen verdienen. Ich persönlich kenne Bosse, die als kleine Handwerker oder Kaufleute im ländlichen Raum angefangen, dann große Werke aus dem Boden gestampft, Krisen getrotzt, Hunderten Lohn und Brot gegeben haben und dann trotz Millionen auf dem Konto und Verehrern unter den Mitarbeitern sich immer wieder ganz kindisch selbst beweisen wollen, dass ihnen immer noch niemand das Wasser reichen kann.

Um ihr Können und ihre Kompetenz unter Beweis zu stellen, werben sie dann gerne studierte, bestens qualifizierte, hochkarätige Manager aus Konkurrenzunternehmen in den großen Metropolen ab. Um selbige in die Provinz zu locken, müssen sie natürlich mit üppigen Bezügen aufwarten – nur um die, die in die Falle gegangen sind, mit dicker Abfindung nach wenigen Monaten wieder rauszuschmeißen. Sinn der Übung: die befriedigende Erkenntnis, dass die es auch nicht besser können. Das kostet zwar eine Stange Geld, erfüllt aber seinen Zweck: Leute, die einem bei der Konkurrenz hätten gefährlich werden können, sind so erst einmal aus dem Rennen geworfen, und schöner noch: Man muss selber weitermachen, weil eben doch keiner so gut ist, wie man selbst. Was du nicht willst, das andere tun, mach selber für dein Heldentum!

Mein Ding? Dein Ding? Meeting!

»Wovon man nicht sprechen kann, darüber muss man schweigen.« Als der junge Philosoph Ludwig Wittgenstein mit diesem Satz sein Traktat beendete – wohlgemerkt das einzige Buch, das er zu Lebzeiten veröffentlichen ließ –, hoffte er vielleicht, dass mit dieser Erkenntnis jedes unsinnige und unnötige Geschwätz ein für alle Mal aus der Welt geschafft sein müsste. Sicher hätte er sich nicht träumen lassen, dass keine hundert Jahre später die Hälfte der Büroarbeitszeit mit Gruppengeschwafel verplempert werden würde.

Erschreckend viel Zeit im Büro wird nämlich gar nicht mit Arbeit verbracht, sondern mit dem Reden darüber, wie man diese Arbeit machen könnte. Das hat zumindest die Unternehmungsberatung Bain festgestellt. Von 40 Wochenstunden hocken Mitarbeitende heute im Schnitt 21 Stunden lang in Meetings. Acht Stunden davon hätte man sich angeblich komplett schenken können, weil sie keinerlei unternehmensrelevanten Nutzwert bringen. Das ist immerhin ein ganzer Arbeitstag pro Woche, an dem man, Wittgenstein folgend, besser hätte schweigen sollen statt zu schwadronieren.

Aber so nennt das ja keiner. Lieber sagt man: Meeting. Vielleicht, weil das nach »Mieten« klingt, also nach etwas, das man sich nicht aneignen möchte. Mieten tut man mit Verträgen, beim Meeting sollte man sich vertragen. Entscheidend ist letztlich aber, dass man überhaupt zu einem Ergebnis kommt und sich für irgendetwas entscheidet. Dem ist oft nicht so. Leider trifft man in Meetings zwar verlässlich Menschen, seltener aber Entscheidungen. Auch werden oft keine Vorstellungen geweckt, sondern manchmal nur Teilnehmer kurz nach dem Eindösen. Viele Meetings müssten eigentlich Müdings heißen.

Trotz dieser Erfahrung werden sie dennoch immer wieder durchgeführt oder durchgepeitscht, obwohl man diejenigen, die immer wieder zu Meetings rufen, davon abhalten sollte, sie abzuhalten. Man hat mehr Angst davor, dass einmal begonnene Diskussionen wieder einschlafen, als dass man Teilnehmer mit dem Thema einschläfert. Meist hört man in Meetings weniger pointierte Visionen als ausufernde Ausreden. Sofern überhaupt jemand ausreden darf. Was schwerfällt, wenn aus unterschiedlichen Bereichen Menschen und Meinungen aufeinandertreffen. Aber um nichts anderes geht es bei einem Meeting: Ums Aufeinandertreffen in der Hoffnung, dass ein paar Treffer gelandet werden. Das heißt ja »meet«: Treffen.

In einigen Unternehmen halten übrigens vor allem jene Abteilungen die meisten Meetings ab, deren Wertschöpfungsfaktor und Nutzwert für die Produktivität am geringsten ist. Vielleicht lässt man diese Abteilungen aber auch lieber nur miteinander quatschen, als dass sie ständig woanders reinreden und querschießen.

Mittlerweile müsste es eine immer größer werdende Gruppe an Büroangestellten geben, die mehr Zeit in Meetings verbringen als damit, die besprochenen Punkte abzuarbeiten. Ich fürchte sogar, dass es in vielen Firmen mehr zu erledigende Arbeiten gemäß Meetingmitschriften gibt, als man in der restlichen zur Verfügung stehenden Zeit überhaupt abarbeiten kann. Wahrscheinlich werden irgendwann nur noch Meetings abgehalten, in denen die Ergebnisse der vorherigen Meetings zusammengefasst und nach

Wichtigkeit sortiert werden. Am Ende drehen sich alle Meetings inhaltlich nur noch um sich selbst. Man reflektiert die bereits durchgeführten Besprechungen der Vergangenheit daraufhin, was heute noch relevant ist. Und schwupps, ist wieder eine Arbeitswoche rum, die in der darauffolgenden aufzuarbeiten sein wird.

In der Regel hat ja eigentlich niemand wirklich Bock auf überflüssiges Blabla. Daher beschäftigen sich viele während eines Meetings auch lieber mit anderen Dingen. Das hat zumindest die oben genannte Unternehmensberatung Bain herausgefunden und ausgerechnet, dass ausgerechnet die, die in Konferenzen konstruktive Ideen hinsichtlich maximaler Gewinnsteigerung beitragen sollen, ihre eigene Firma im Gegenteil viel unnötiges Geld kosten. Ein Konzern mit 100.000 Mitarbeitern setzt im Schnitt jährlich 60 Millionen Dollar in den Sand, weil Meeting-Muffel unerhörterweise E-Mails, Messages und Posts tippen und lesen, statt zuzuhören. Wer dem Thema der Tischrunde nichts abgewinnen kann, beantwortet halt elektronische Anfragen oder kommuniziert mit der Außenwelt per WhatsApp. Alle anderen, die sich zu langweilen beginnen, können dem unablässigen, aber lässig wirkenden Summen, Piepen, Brummen, Vibrieren und den anderen akustischen Anklopfsignalen der elektronischen Gadgets lauschen. Viele legen ihre Geräte ja demonstrativ für alle sichtbar auf den Tisch, damit jeder mitbekommt, dass deren Benutzer auch während des Meetings in der Welt gebraucht wird. Besser noch, man stellt den Klingelton nicht aus. Dann können die Angerufenen beim ersten Bimmeln mit bedeutungsschwangerer Miene aufspringen und den Raum ver- und die Zurückgelassenen im Glauben lassen, ein unaufschiebbares Telefonat sei noch wichtiger als der Grund, warum man sich zusammengesetzt hat.

Was sind aber schon ein paar Dutzend verpulverte Produktivitäts-Millionen im Vergleich zum ganz normalen Meeting-Wahnsinn – zum Beispiel die ewige Warterei auf Nachzügler? Laut meedia.de hat eine US-Untersuchung ergeben, dass sich die verlorene Arbeitszeit durch Rumhocken, bis alle da sind, auf 37 Milliarden Dollar pro Jahr summiert. Eine andere Studie besagt, dass Kaffeekonsum zu verminderter Konzentrationsfähigkeit führt und dadurch Meetings unnötig in die Länge zieht. Nicht eingerechnet sind dabei die Zeiten und Kosten, die durch Einschenken und Fragen nach Milch, Sahne, Zucker, Süßstoff verschwendet werden, bevor man die Brühe schlürfen möchte.

Und dann greift womöglich auch noch jeder zu den Keksen! Wie soll man mit vollem Mund sprechen? Mal ehrlich, bis alle nach Kaffee oder Keksen gefragt haben, ist die erste Viertelstunde doch schon gelaufen. Hier sei löblich erwähnt, dass in einigen Unternehmen die Keksration von klugen Controllern deshalb komplett gestrichen worden ist – aus Kostengründen. Das heißt, nicht einmal Scherzkekse, die den Mund gerne vollnehmen, dürfen dann noch Kekse kosten. Wenn man querulantischen Krümelmonstern jedoch die Butterkekse streicht, erreicht man damit im schlimmsten Fall nur, dass ein Gespräch auf den Tisch kommt – nämlich über den Unsinn solcher Maßnahmen, die jedem auf den Keks gehen. Die Zeit, die mit dieser aufgeheizten Stänkerei verstreicht, kostet das Unternehmen wahrscheinlich mehr als das bisschen Gebäck, das früher auf dem Tisch stand.

Nicht ohne Grund habe ich das Thema Meeting mit dem Wiener Sprachphilosophen Wittgenstein begonnen. Der alte Schlawiner und Kaffeekränzchen-Schwadroneur wusste schon anno dazumal, dass die gesprochene Sprache wich-

tiger ist als die niedergeschriebene. Darum sind Meetings vermeintlich so unersetzlich. Vieles gehört sich gehört statt gelesen. Wenn man am Ende dieses Absatzes ganz genau hinhört, ahnt man, warum die Viecherei mit dem Gequatsche für so relevant gehalten wird: weil es zum Verwechseln ähnlich klingt, wenn Rindviecher in der Firma viel Wirbel und Denker sich famose Gedanken machen. Beim Ersteren hört man »Viel los, oh Vieh!«, beim anderen »Philosophie«.

Anleitung zur Abkürzung ausufernder Unterredungen

Kennen Sie auch Typen, die in Meetings endlos schwafeln in der Hoffnung, dass alle anderen innerhalb des Gesprächskreises zu der Schlussfolgerung kommen mögen, die Laberlänge sei Ausdruck intensivster Potenzialnutzung geistiger Ressourcen? Was waren das für schöne Zeiten, als man im Homeoffice einfach die Kamera ausschalten, die Beine hochlegen und das Hirn bei solchem Gefasel auf Durchzug stellen konnte.

Wie schafft man es aber, überflüssiges Blabla zu beschleunigen und den virtuellen oder realen Raum schnellstmöglich wieder verlassen zu können, ohne den Eindruck zu erwecken, man sei ein destruktiver Skeptiker, Nichtstuer, Neinsager oder einfach nur ein fauler Sack?

Das Dilemma: Wenn man in Diskussionen etwas sagt, zieht man die ganze Angelegenheit nur in die Länge. Wenn man nichts sagt, muss man womöglich eine To-do-Liste abarbeiten, die man hätte verhindern können, wenn man etwas gesagt hätte.

So kommt es meist in vielen Meetings zum GAU, also zum Größten Anzunehmenden Unsinn: Die Schlauen bleiben still, während die Törichten theoretisieren. Blöderweise fangen nämlich oft ausgerechnet die mit dem ausladenden Gequatsche an, die man besser hätte ausladen sollen – also jene, die den Blick nicht durch die Runde schweifen lassen, um herauszufinden, wer eigentlich Interesse an einem mehrheitlichen Meinungsaustausch hat. Mit ein bisschen empathischem Einfühlungsvermögen müssten die meisten eigentlich mitkriegen, dass keiner Lust auf redundante Redemarathons hat. Nur die Ignoranten in der Truppe halten ihre Klappe nicht.

So kommen schnell fragwürdige Facetten ins Fachgeplänkel. Versucht man denen Einhalt zu gebieten, laufen die Palavernden aber erst richtig zur Hochform auf, und der Schlagabtausch dehnt sich um geschlagene Viertelstunden aus. Klug wäre also gewesen, sich vorher schon abzustimmen und Koalitionen zu bilden. Aber dazu hätte man das Thema durchdenken müssen. Doch wer macht sich schon die Mühe, im Vorfeld zu erfragen, worum es in einem Meeting eigentlich geht?

Bleibt zur aggressiven Meetingabkürzung nur der Ausweg technischer Tricks. Sorgen Sie als Erstes dafür, dass es nichts zum Essen und zum Trinken im Raum gibt. Die Thermostatanzeige sollte deutlich unter der Wohlfühltemperatur, also sehr unterkühlt sein. Das hält keiner lange aus. Oder viel zu heiß. Hitze macht selbst hitzköpfigste Diskutanten mürbe. Am besten, Sie verzichten auch auf Sitzgelegenheiten. Was glauben Sie, wie wenig Langeweile aufkommt, wenn man sich nicht langmachen kann? Außerdem demokratisiert es eine Besprechung, wenn es keine Vorsitzenden gibt und auch niemandem etwas vorgesetzt werden kann. Alle stehen zu dem, was gesagt wird. Wenn jetzt noch klare Spielregeln herrschen, wird es noch pfiffiger. Die Pünktlichkeit nimmt beispielsweise zu, wenn immer der Letzte, der den Raum betritt, das Protokoll führen muss. Wenn Sie dann noch einen Wecker stellen, der das Ende der Plauderrunde einläutet, muss keiner bangen, dass es statt zu einem Happy End zu einem Open End kommen könnte. Noch besser, es geht nach vorgewählter Zeit einfach der Strom und damit auch das Licht aus. Das spart nicht nur Energie, sondern auch Nerven. Nebenbei vermittelt dieses Vorgehen anschaulich eine wunderbar doppeldeutige Erkenntnis: Man muss mit der Zeit gehen!

Bloß nicht verzetteln bei dem, was man sich sparen kann

Schenkt man den Zahlen der Statistikplattform statista.de Glauben, finden in Deutschland jährlich 2,89 Millionen Tagungen und Kongresse mit insgesamt 412 Millionen Teilnehmern statt – vorausgesetzt, dass nicht gerade eine Pandemie herrscht. Bei einem winzigen Bruchteil dieser Veranstaltungen bin ich dabei. Was mir auffällt: Fast bei jeder Tagung liegen Blöcke oder Notizbücher aus. Noch auffälliger: Fast niemand benutzt die.

Manchmal mache ich mir in den Kaffeepausen den Spaß, durch die Reihen zu gehen und zu gucken, was die Teilnehmer so alles mitgeschrieben haben. Wie Sie vielleicht schon ahnen, wird da deutlich mehr gekritzelt als geschrieben. Nur manchmal verirren sich neben Strichmännchen, ausgemalten Kästchen und Mandalas auch ein paar Stichpunkte. Summa summarum: Mehr als ein oder zwei Blätter bräuchte kaum jemand, um alles zu notieren, was man nicht im Kopf behalten möchte.

Da ich gerne übrig gebliebene Notizbücher für meine Kinder als Malhefte mitnehme, habe ich mein reichhaltiges Sortiment zu Hause mal inspiziert, um die durchschnittliche Seitenanzahl zu ermitteln. Dabei kam ich auf circa 150 Seiten. Viele Notizbücher, zumindest von Veranstaltern, die etwas auf sich halten oder wollen, dass die Teilnehmer etwas von der Tagung behalten, zumindest das Notizbuch, sehen in etwa so aus: glattes oder mattes Einbandmaterial in Schwarz mit eingeprägtem Logo, ein Gummband als Verschluss, zartweiße Notizseiten mit dezent grauem Punktraster, eventuell eine Papiertasche zum Verstauen von Zetteln. So ein Luxusblankobüchlein kostet im Einkauf dann auch gut zehn Euro das Stück. Wenn es mal kein Schickimicki-Schnickschnack sein soll, liegen eben Blöcke vom Tagungshotel aus, die in der Regel 20 Seiten haben, dafür aber in DIN A4, während Notizbücher meist nur halb so groß sind.

Wozu ich das hier so akribisch aufliste, hat mit der horrenden Hochrechnung zu tun, die ich nun anstelle. Bei den oben erwähnten 412 Millionen Teilnehmern wären das, selbst wenn alle Teilnehmer nur mit Hotelblöcken versorgt würden, ja schon 8,24 Milliarden Blatt Papier, die produziert worden sind, ohne wirklich gebraucht zu werden. Auf der Seite www.papiernetz.de kann man ausrechnen lassen, wie viel Energie dieses Papier in der Herstellung kostet. Deren Nachhaltigkeitsrechner spuckt nachdenklich machende Werte aus, die den gesamten Produktionsprozess von blütenweißem Büropapier berücksichtigen. Festhalten: Für das bisschen Papier unserer Tagungsteilnehmer verbraucht man jedes Jahr 2,15 Milliarden Liter Wasser, 43,6 Millionen

Kilogramm Kohlendioxid, 441 Millionen Kilowattstunden Energie und 123 Millionen Kilogramm Holz oder Altpapier.

Sie sehen, wenn man sich was sparen möchte, braucht man nicht unbedingt beim Erbsenzählen anzufangen – beim Papier reicht schon. Um es noch wahnwitziger zu machen: Hätten alle Tagungsteilnehmer ein Notizbüchlein mit Rückendrahtheftung bekommen, wären allein für die kleinen Klammern circa 13 Tonnen Stahl nötig gewesen. Auszurechnen, was die dafür notwendige Stahlproduktion an Energie verschlingt, würde mich jetzt aber ehrlich gesagt zu viel Energie kosten. Ich will ja nur eines damit sagen, auch wenn man sich mit so aberwitzigen Detailbetrachtungen vielleicht verzettelt: Man sollte dafür sorgen, dass keine überflüssigen Notizbücher produziert werden und die Leute nicht ständig mit Blöcken versorgen. Man muss zur Kontrolle ja nicht gleich Blockwarte einsetzen. Die fielen schon früher unangenehm auf.

Auf die Betrachtung scheinbar nebensächlicher Randthemen in Energiefragen kam ich übrigens durch ein Engagement bei einer großen Messegesellschaft. Die hatten mich angefragt, ob ich etwas zum Thema Energie-Management erzählen könnte. Dass das ausgerechnet ein Kabarettist machen sollte, empfand ich zunächst als Witz. Doch dann stellte sich heraus: Derartige Gesellschaften bekommen nach der Installation eines Energiemanagements ihre Wiederzertifizierung gemäß DIN EN ISO 50001 nur, wenn sich ein gewisser Anteil der Mitarbeiter jährlich zum Energie-Thema schulen lässt. Zu diesen Schulungen lässt sich aber keiner überreden, wenn das langweilige Energiesparthema zum wiederholten Male von Technik-Schnarchzapfen runtergeleiert wird, die nur Normen und Verordnungen vorbeten. Einzig und allein, um die benötigte Teilnehmerzahl zur Erlangung des Zertifikats zu pushen, kam also ich zu der Ehre, die Leute im Hinblick auf Energie-Einsparung zu elektrisieren, ohne sie unnötig unter Strom zu setzen. Spaßen und Sparen liegen ja allein phonetisch gar nicht so weit auseinander.

Videokonfusion aus dem Homeoffice

Griff man früher einfach zum Telefon, um in Verbindung zu bleiben, kann man, Pandemie sei Dank, aus dem Homeoffice mittlerweile aus einer Vielzahl an Plausch- und Plattformen sowie hippen Apps mit vielen Funktionen und fantasievollen Features wählen, um vernetzt aus dem Nähkästchen oder Haushaltsraum zu plaudern.

Der Haushaltsraum war ja fürs Finanzamt schon immer als Arbeitszimmer angegeben gewesen, weswegen Opas alter Schreibtisch drinstand, falls ein Finanzbeamter oder Steuerprüfer mal reingeschneit wäre. Nichtsdestotrotz waren Remote Meetings, Video Conferencing und Screen Sharing vor Jahren noch vielen ein Buch mit sieben Siegeln. Jetzt versiebt man höchstens die Teilnahme, weil man versemmelt hat, ob über Microsoft Teams, GoToMeeting, Google Meet, BlueJeans, Zoom, Skype, Slack, Cisco WebEx oder Jitsi getalkt werden soll. Man hätte dazu vorher ja auch alle Mails, Memos, Outlook-Einträge, Facebook-Posts, WhatsApp-Mitteilungen und sonstige Benachrichtigungen lesen müssen, um mitzubekommen, wo sich die anderen gerade im Netz tummeln. Viele Meetings waren auch schon wieder vorbei, bis man die dazu notwendige App heruntergeladen und installiert hatte.

In vielen Firmen wurde irgendwann einfach geswitcht, um die Besprechungs-Codes komplex halten zu können und effektiv gegen Brute-Force-Attacken gewappnet zu sein. Zunehmend waren Features wie HD-Video, Bildschirmfreigaben, Dokumenteneinfärbungen, persönliche Meeting-Räume, Gastzugänge und diverse Plug-ins und Integrationsmöglichkeiten gefragt. Nutzer wollten nicht nur die Aufzeichnung der Konferenz anschließend als Video downloaden können, sondern Präsentationsfolien aus der Besprechung in einer PDF-Datei zum späteren Nachlesen bereitgestellt haben. Dazu brauchte es neben kniffligen Management- und Integrationsfunktionen natürlich zusätzlichen Cloud-Speicher.

Als dann nimmersatte Nerds auch noch nach Schnickschnack-Features wie Zeichenwerkzeuge und die Übergabe von Tastatur und Maussteuerung verlangten, war Schluss mit lustig. Denn während jene Technikfreaks nach immer mehr Aufrüstung beim Austausch verlangten, waren Durchschnitts-User schon damit überfordert, den kleinen Button am Bildschirm zu finden, mit dem man das Mikrofon hätte stummschalten können, als das Kind im Hintergrund plärrte und somit das gesamte Meeting dominierte. Okay, ob Chef oder eigener Nachwuchs plärrt, kommt aufs Gleiche hinaus: Da versucht einfach jemand, Druck aufzubauen und seine Bedürfnisse in den Mittelpunkt zu stellen. Vorteil am Babygeschrei ist immerhin, dass alle im Meeting mitbekommen, dass man anwesend ist. Andere schaffen ja nicht einmal, sich in den Call einzuwählen oder sonst irgendwie virtuell wahrnehmbar zu werden. Was nutzt die bestverschlüsselte Konferenz, wenn der Zugangscode verschusselt ist?

Blöd ist auch, wenn der schlaue IT-Adminstrator der

Ich sagte: Das waren bestimmt
wichtige Aspekte, auf die Sie da
hinweisen, aber Ihr Mikrophon
ist nicht eingeschaltet.

eigenen Firma die kostenlose Basisversion einer Videokonferenz-Software als »attraktives Freemium-Angebot« gewählt hat und man wegen der begrenzten Teilnehmerzahl dann leider keinen Zugang mehr zur wichtigsten Videokonferenz des Jahres hat, auf der der Chef endlich mal Tacheles redet, wie es mit dem Laden weitergeht. Noch ärgerlicher ist, wenn man die eigene tagelang vorbereitete und detailliert ausgetüftelte Präsentation nicht zeigen kann, weil der Speicherplatz für gemeinsam genutzte Dateien auf ein paar Gigabyte pro Benutzer oder Team beschränkt ist. Was wirklich beschränkt ist, weil man dann niemandem zeigen kann, was man draufhat.

Was aber die ultimative Videocall-Dramaturgie anbelangt, wird mir wohl immer ein Meeting in Erinnerung bleiben, bei dem nach dem holprigen Beginn, der Beseitigung technischer Probleme und anfänglichem Blabla sowie sozial zuträglichem Small Talk ein wirklich interessantes und wichtiges Webinar hätte starten sollen. Kurz vor dem erwarteten Höhepunkt, also dem Tagesordnungspunkt, der ein dringlich nach Lösung verlangendes Problem thematisierte, wurden Aufmerksamkeit, Konzentration und Spannung höher ... und der Bildschirm schwarz. Die verwendete Basisversion des Videokonferenz-Systems schaltete exakt 40 Minuten nach Konferenzbeginn automatisch ab. Eine neue Meeting-ID zu generieren und allen Teilnehmern zu kommunizieren, war in der Kürze der Zeit nicht möglich. Nach Minuten des Schocks, Stunden der Irritation und Tagen des vergeblichen Wartens auf einen Nachholtermin stellte sich dann irgendwann heraus und zugleich das beruhigende Gefühl ein, dass das dringlich nach Lösung verlangende Problem wohl gar nicht so groß und so dringend gewesen war; es hatte sich inzwischen nämlich von selbst gelöst. Um ehrlich zu sein, habe ich mittlerweile sogar vergessen, worum es eigentlich genau ging.

Denglisch Klingt's schöner

Dass Mitarbeitende nicht zum Zuge kommen und nur Bahnhof verstehen, wenn ihre Chefin oder ihr Chef Topics in blasiertem Business-Gebbabel voller angestrengter Anglizismen von sich gibt, versteht sich von selbst, beziehungsweise versteht ihn selbst mit Übersetzung keiner so schnell. Aber wie viel verstehen eigentlich Kundinnen und Kunden von dem, was Firmen ihnen in modernem Marketing-Englisch mitteilen möchten? Die meisten Werbeagenturen machen hinsichtlich witziger Werbesprüche, salopper Slogans, hammerstarken Headlines, und kluger Claims zwar kreative Vorschläge, die wenigsten aber bieten auch knallharte Marktforschung, die belegen könnte, wie das beim Customer ankommt.

Die Marketingfirma Endmark sticht da heraus und besticht mit einer Claimstudie, die seit Jahren durchgeführt wird und zu verblüffenden Ergebnissen kommt. Ungefähr zwei Drittel aller Befragten geben zu, Claims auf Englisch nicht richtig zu verstehen. Nur etwas mehr als ein Viertel kann Sprüche so übersetzen, wie sie von der werbetreibenden Firma auch gemeint sind. Journalisten haben sich schon des Öfteren darüber lustig gemacht, dass Kunden den einstmaligen Spruch von Burger-King, »Have it your way«, so übersetzt haben: »Nimm's mit auf den Weg.« So ein Lapsus muss einen Werber aber nicht wurmen und bei der kreativen Slogankür im Weg stehen – immerhin nimmt der Kunde überhaupt noch etwas mit, nämlich dass er was mitnehmen soll. Englische Slogans können einen nämlich ganz schön mitnehmen.

Manchmal kann man sich sogar fühlen, als würde man auf den Arm genommen. Wenig geschmackvoll ist zum Beispiel, was sich in manchen Köpfen bei dem Slogan »Welcome to the Beck's experience« zusammenbraut. Hier meinten nämlich viele, sie wären beim Beck's-Experiment willkommen und dürften nicht auf altvertraute Süffigkeit hoffen.

Ganz blöd lief es bei der Parfümeriekette Douglas. Deren Aufforderung »Come in and find out« wurde von Kosmetik-konsumentinnen als dufte Einladung in eine Art Labyrinth wahrgenommen: »Komm rein und finde wieder raus!« Wäre es da nicht besser, gleich zu verduften, wenn schon bei der Werbung nichts richtig ankommt?

Auch Social-Media-Anbieter, oft aus dem anglophonen Raum stammend, hatten es anfangs nicht leicht. Der Slogan von YouTube, der medienaffinen Demokraten das Herz hätte höher schlagen lassen müssen, nämlich »Broadcast yourself«, wurde doch glatt mit dem Befehl »Bau deinen Brotkasten selber!« übersetzt.

Bei solchen Übersetzungsverlusten ist es eigentlich von Vorteil, wenn pfiffiges Englisch bei der Kundschaft erst gar nicht zur Kenntnis genommen wird, weil das Marketing-gesülze sie sowieso nicht interessiert. Das passiert tatsächlich regelmäßig, zumindest laut den Testern von Endmark. Die Unternehmen hätten sich das Geld für vermeintlich schlaue Sprüche und kluge Claims also sparen können. Obwohl das ja der schlimmste Fall ist: Geld für etwas absolut Überflüssiges auszugeben, selbst wenn man flüssig ist.

Der »schlimmste Fall« heißt im Marketing-Englisch übrigens »Worst Case«. Da das jedoch von einigen als Wurstkiste übersetzt wird, sollte man es nicht da verwenden, wo es um die Wurst geht. Obwohl es jetzt auch schon wurscht ist. Denn auch wenn wir Deutschen nicht alle Produktaussagen verstehen, finden wir, dass sie auf Englisch trotzdem interessanter klingen. Umgekehrt langweilen uns treffsichere teutonische Texthäppchen wie »Großer Tag. Kleine Pause«, mit dem Ferrero für seine Milchschnitte warb. Da zeigt sich unsere Sprache schon von ihrer Schokoladenseite, und dann bringt es trotzdem niemanden zum Dahinschmelzen. Der Slogan wurde eher als langweilig und stumpfsinnig empfunden. Da ist Lindt mit seinem englischen Wortspiel »Nice to sweet you« für eine Reihe von Schokoriegeln doch gewitzter, auch wenn man mit dem Wortspiel dem fremdsprachfaulen Volke gewiss nicht aufs Schokomaul geschaut hat. Doch es knistert im Hirn und entfaltet Fantasie, auch wenn es mit der Übersetzung hapert.

Mit Englisch assoziieren wir offenbar nichts Engstirniges, sondern etwas Großes, das mal mit Commonwealth zu tun hatte. Und Commonwealth klingt auf jeden Fall besser als Camembert, ist also keinesfalls Käse! Darum tragen wir auch lieber einen »Bodybag« statt eines Rucksacks, obwohl der in englischsprachigen Ländern »rucksack« genannt wird und man dort wiederum bei »bodybag« an einen Leichensack denkt. Zumindest ist bei uns sprachlich nicht tote Hose, solange wir auf Englisch faseln. Darum nehmen wir beim Sanitärausstatter gern auch als Prospekt einen »Bad-Guide« zur Hand und meinen damit keinen »schlechten Führer«. Die Zeiten sind gottlob vorbei.

Wenn es im Oxford Dictionary keine passenden gibt, erfinden wir sogar englische Begriffe, die man außer in Deutschland nirgends kennt. Na, klingelt es bei Ihnen?

Genau: Ich meine Scheinanglizismen wie zum Beispiel das »Handy«. Das heißt im echten Englischen nämlich cellphone, mobile phone oder portable beziehungsweise mobile. Auch wenn Sie jetzt einwenden, »Handy« sei eigentlich aus dem Schwäbischen abgeleitet und nur der Anfang der Frage »Handy koi Kabel dran?«, ist der Witz an der Sache mit dem Englischen doch folgender: Wohl nur aufgrund unserer Anglophilie sind etwa ein Viertel der häufigsten hundert Worte, die in der Werbung verwendet werden, englische Vokabeln. Und dabei ist völlig egal, ob sie verstanden werden oder nicht. Das zeigt zumindest die Statistik der Endmark'schen Claimstudie.

Wahrscheinlich wimmelt es deshalb auch im Unternehmensberater-Fachchinesisch und Marketing-Kauderwelsch nur so vor englischen Begriffen. Letztendlich haben es die Ansprechpartner dort auch mit Deutschen zu tun, die sich die Sinne gern mit angenehmen Anglizismen vernebeln lassen wollen. Es klingt ja auch weniger angsteinflößend, wenn die Exit-Strategy eines New Media-Conceptioners so aussieht, dass der Turnaround analog zur Monetarisierung via crowdsourced Community Projects mittels Sales-Generierung in realtime-basierten, dialog-orientierten local-based Social-Media-Kampagnen erzielt werden soll, bei der die Unique Selling Proposition den Markenkern approached. Auf Deutsch würde das schlicht heißen, dass das Geld fehlt und keiner eine zündende Idee hat. Aber wer will das schon hören?

Logo! Es geschehen noch Zeichen zum Wundern

Wer »Logo!« sagt, signalisiert Zustimmung, ohne viel Worte zu machen. Wer ein Logo hat, will auch nicht viel Worte machen, sondern mit einem simplen Signet schnelle Wiedererkennung erreichen. Komplizierter kann man es auch so formulieren wie Professor Dr. Esch fürs renommierte Gabler Wirtschaftslexikon: »Ein konkretes Logo kann ähnlich einem mnemotechnischen Reiz den Markennamen und sonstige mit der Marke assoziierte Inhalte ins Bewusstsein des Konsumenten bringen, da das Logo leichter verfügbar ist.«

Was passiert aber, wenn man den Spieß umdreht und betrachtet, was mit der abstrakten Formensprache eines Logos so alles assoziiert werden kann? Auch ohne Kenntnis des Grundgesetzes der Gestaltpsychologie behaupte ich mit Fug und Recht oder Font und rechtem Winkel, dass einem die Augen aufgehen, wenn man die Dinge so sieht, wie sie sind.

Das Blaue vom Himmel: Die Bildmarke der Deutschen Bank

»Perfektion ist nicht dann erreicht, wenn man nichts mehr hinzufügen, sondern wenn man nichts mehr weglassen kann.« Das ist kein Prinzip, eher ein kleiner Prinz-Tipp, zumindest ist es vom Autor des Kleinen Prinzen, von Antoine de Saint-Exupéry. Als Zitat klingt das ganz schön und klug, aber wie sieht so etwas in der gestalterischen Realität aus? Der Maler und Grafiker Anton Stankowski hat es 1972 gestalterisch in die Tat umgesetzt. Bei der Kreation eines

Wenn das unser neues Logo ist, erscheint mir da viel Luft nach oben.

neuen Logos für Deutschlands größtes Kreditinstitut – die Deutsche Bank – hat er sieben Mitstreiter, nein: Mitgestalter ausgestochen mit einer bestechenden Lösung, die sich an Einfachheit nicht mehr unterbieten ließ. Die *Bild*-Zeitung schnaubte damals: »Skandal: Maler verdient mit fünf Strichen 100.000 Mark«. Dabei waren es gar keine fünf Striche, sondern lediglich einer, der in einem Quadrat steckt. Banausen.

Stankowski hat intuitiv das Wesen einer jeden Bank erkannt und auf den Punkt gebracht, genauer: auf den Strich. Er wählte den »Schrägstrich im Quadrat« als markantes, unverwechsel- und vorzeigbares Erscheinungsbild dieser Vorzeige-Institution.

Der Schrägstrich bringt unmissverständlich zum Ausdruck, was Banken nach eingehender Prüfung der Anliegen ihrer Kunden, die dringend einen Kredit brauchen, meistens machen: einen Strich durch die Rechnung. Wer Bares wirklich nötig hat, kriegt keins. Der Strich ist deshalb schräg, weil man schon ein bisschen schräg drauf sein muss, wenn man wirklich glaubt, dass einem die Bank einfach so Geld gibt. Nur dem, der mehr Sicherheiten bietet als den Betrag, den er sich leihen möchte, wird Zaster zuteil. Alle anderen haben Pech im Quadrat oder können im Dreieck springen, also zum Beispiel zur Commerzbank gehen, die ein Dreieck im Band als Logo hat. Ob es da besser läuft oder man am Ende doch auf irgendeiner Art von Strich landet, ist eine andere Frage – machen wir lieber einen Punkt dahinter.

Doch zurück zur Deutschen Bank. Die Vorgängerinstitution der Deutschen Bank hatte von 1870 bis 1918 einen Adler als Symbol. Wahrscheinlich wusste man damals schon, dass man einen Vogel haben muss, wenn man dort arbeitet, um Geld bittet oder gar glaubt, ungerupft davonzukommen. In den Jahren 1918 bis 1929 zierten dann die zwei verschlungenen Buchstaben »D« und »G« die Bank in ihrer Außendarstellung. Die Buchstaben standen für »Disconto-Gesellschaft«.

Mathematisch Versierte wissen jedoch, dass DG auch für »Differentialgleichung« steht. Differentialgleichungssysteme setzen stets voraus, dass ein System in algebraischer Form quantifiziert und die beschreibenden Funktionen differenziert werden können. In vielen Fällen sind diese Voraussetzungen jedoch nicht erfüllt. Dann kann die Struktur des Systems leider nur auf einer höheren Abstraktionsebene beschrieben werden. Aufgrund der Vielfalt der Differentialgleichungen als auch bei den Problemstellungen ist es außerdem gar nicht möglich, eine allgemein gültige Lösungsmethode anzugeben.

Dieser kleine Exkurs lässt erahnen, wie schwierig es ist, mit Variablen rechnen zu müssen. Am besten für Bankkunden scheint deshalb zu sein, sicherheitshalber mit dem Schlimmsten zu rechnen, bevor man sein blaues Wunder erlebt, weil irgendein Bankschnösel einfach das Blaue vom Himmel erzählt. Vielleicht hat Stankowski für sein Logo deshalb die Farbe Blau gewählt.

Bitte warten, bitte warten … Das Logo der Telekom

Viele, die als Kunden mit der Telekom Erfahrung gemacht haben, erzählen davon, dass ihnen einiges sauer aufgestoßen sei, dass sie gar nach Wochen des vergeblichen Wartens auf einen Anschluss fast ein Magengeschwür bekommen hätten oder es einfach nur zum Kotzen fanden. Auffällig an dieser subjektiven Aufzählung ist, dass sich alle somatischen Symptome um den Magen drehen. Vielleicht nennt die Telekom deshalb ihre Logofarbe Magenta, weil ihr Service am ehesten den *Magen* tangiert, wenn nicht gar auf den Magen schlägt.

Obwohl Farben eigentlich allen Einfaltspinseln zur Verfügung stehen sollten, hat es die Telekom sogar geschafft, diese Grundfarbe als Farblogo beim Deutschen Patent- und Markenamt schützen zu lassen. Der Name Magenta stammt im Übrigen von einer italienischen Gemeinde bei Mailand, in deren Nähe sich 1859 im Zweiten Italienischen Unabhängigkeitskrieg der Boden aufgrund der vielen stark blutenden Opfer in einen violetten Ton färbte. Auch als Telefonkunde muss man ja Opfer bringen, zumindest finanziell bluten. Statt Magenta könnte man auch einfach Pink sagen. Pinkepinke ist ja das, was der Konzern reichlich einnehmen muss, um den Anschluss an die weltweit wertvollsten Telekomunternehmen nicht zu verlieren.

Apropos Anschluss: Darauf wartet man bei der Telekom manchmal etwas länger. Oft hat man den Eindruck, die hätten einen auf der Liste der Servicekunden einfach ausgelassen. Insofern ist das Auslassungszeichen im Logo, nämlich die drei Punkte nach dem T, wirklich genial. Somit zeigt der Konzern schon mit dem Logo an, was einen erwartet. Auslassungspunkte, so die Definition laut Wikipedia, werden »als Stilmittel eingesetzt, z.B. zur Anzeige von Pausen oder unterbrochener Rede«. Man wird mit dem Telekom-Logo also förmlich darauf vorbereitet, dass erst einmal nichts passiert.

Weil diese mögliche Interpretation des Logos dem Konzern wohl selber spanisch vorkam, hat man Barcelona als den geeigneten Ort ausgewählt, um der Welt zu präsentieren, dass man es in Zukunft auch schneller auf den Punkt bringen kann. Auf dem Mobile World Congress 2022 konnte der geneigte Kommunikationsinteressierte mit eigenen Augen sehen, dass man auf die letzten zwei Punkte einfach verzichtet hat, ... damit das T eine prominentere Rolle spielen kann. In schönster Marketing-Prosa kann man auf der Konzern-Homepage nachlesen: »In der Form 1-T-1 (Digit-T-Digit) ist das Logo die Basis einer klaren Markenarchitektur. Das T wird kompakter. Dazu wurden die Kurven optimiert und Dach, Stamm und Fuß gestärkt.« Oder anders formuliert: Das T wurde einfach fetter. Wenn ich das nächste Mal darauf angesprochen werde, ob ich etwa zugenommen habe, werde ich entgegnen, es wurden lediglich Kopf, Rumpf und Beine gestärkt.

Für den Markenchef der Telekom ist das T jedenfalls »ein klarer Leuchtturm im Sinne unseres Purpose«. Also was jetzt? Purpur oder Purpose? Basis oder Leuchtturm? Soll man auf dem Teppich bleiben oder einem ein Licht aufgehen? Bald wird man auch als Kunde am besten mit T-Lichtern eine T-Zeremonie abhalten. Abwarten und Tee trinken war ja schon immer das, was man tun musste, wenn man von der Telekom etwas wollte.

Krieg die Sterne: Das Symbol der Mercedes-Benz AG

Mal ehrlich: Einen Stern mit nur drei Zacken, wo gibt's denn so was? Kein Kind, das halbwegs einen Stift halten und Sterne malen kann, würde sich mit drei Zacken zufriedengeben. Und das, obwohl kleine Kinder sonst gern abstrahieren, reduzieren und unwesentliche Details weglassen.

Was hat es also mit dem Mercedes-Stern auf sich? Sie werden es nicht glauben: Es waren Kinder, die dafür verantwortlich zeichneten! Die Söhne von Gottlieb Daimler,

Paul und Adolf, waren allerdings dem Dreikäsehochalter längst entwachsen, als ihnen 1909, neun Jahre nach dem Verbleichen ihres Herrn Papas, auf der Suche nach einem einprägsamen Symbol für ihre Kraftwagen eine Postkarte mit einer Stadtansicht von Deutz in den Sinn kam, auf der der Vater einstmals das Wohnhaus der Familie markiert hatte.

So wird die Geschichte von Mercedes-Benz erzählt. Aber mal ehrlich: Kennen Sie jemanden, der etwas mit einem Dreizack statt einem Kreuz oder Kreis markiert? Vielleicht wollte Gottlieb, Gott hab ihn selig, ein architektonisches Detail nicht mit seinem Gekritzel verdecken oder Tinte in seinem Füller sparen, und verzichtete auf einen vierten Zacken.

Auf Zack waren sie dann dennoch, die Daimlers: Am 24. Juni 1909 wurde Gebrauchsmusterschutz für eine plastisch gezeichnete Ausführung ihres Sterns beantragt. »Facettiert« heißt so ein mittels Linien gestaltetes, facettenartiges Gestirn bei der Blasonierung blasierter Heraldiker. Der Ring kam übrigens erst 1921 dazu. Wahrscheinlich wollte man mit der Kühlerfigur niemanden aufspießen und hat deshalb einen Schutzring um die Zacken gezogen.

Vor Gericht zog man übrigens auch wegen eines Markenstreits gegen die Stadt Worms, in dessen Stadtteil Horchheim am vierten Fastensonntag immer der beliebte Dreizackweck gebacken wird, der dem Mercedes-Stern (ohne Kreis) nicht unähnlich ist. Mit dem süßen, die Dreifaltigkeit symbolisierenden Backwerk gewann man den Prozess, da es traditionell nachweislich schon seit 1754 gebacken wird. Vielleicht war der Richter aber auch BMW-Fahrer und der Meinung, dass Mercedes nichts gebacken kriegt.

Oft werden die drei Zacken übrigens als Motorisierung zu

Lande, zu Wasser und in der Luft interpretiert. Immerhin wollte Gottlieb Daimler Motoren für Autos, Schiffe und Flugzeuge bauen. Das mit den drei Elementen kann ja jeder Mercedes-Fahrer erleben: Mit so einer Karosse will man bei seinen Freunden landen; man muss flüssig sein, um sich eine leisten zu können und geht in die Luft, wenn die Karre mal nicht anspringt.

Bemerkenswert ist auch die Ähnlichkeit des Peace-Zeichens mit dem Mercedes-Stern. Der vertikale obere Strahl wird einfach nach unten verlängert, schon sieht es so aus, als stünde man auf Frieden statt auf Boliden.

Frieden geben sollten um die Jahrhundertwende vielleicht auch die Damen im Hause Jelinek, wenn es nach dem Herrn im Hause ging. Emil Jelinek war ein österreichischer Geschäftsmann und einstmals wichtigster Händler der Daimler-Motoren-Gesellschaft. Er liebte Autorennen und nahm gern an der »Woche von Nizza« teil. Durch seine dortigen Erfolge wurde Daimler immer bekannter und entwickelte schließlich für Jelinek einen neuen Motor. Den von ihm beauftragten Rennwagen, mit dem er das Rennen wagen wollte, nannte der Autonarr nach seiner 1889 geborenen Lieblingstochter Mercédès. Wer möchte seinem Familienoberhaupt schon böse sein, der zur Pflege seines Hobbys wochenlang aus dem Haus ist, wenn er dabei dem Namen seiner Tochter huldigt? So herrscht Frieden.

Streifendienst: Woran man Adidas erkennt

Drei parallele Streifen gleicher Breite seitlich an Bekleidung oder Schuhen reichen aus für eine eindeutige Markenbotschaft: Hier sportelt jemand in Produkten von Adidas. Dabei waren die Streifen anfangs gar nicht als Marketing-Gag oder Wiedererkennungszeichen gedacht. Adi Dassler, Schuhmacher und Firmengründer, wollte mit schmalen Lederstreifen lediglich seine Sportschuhe an den Seiten verstärken und für mehr Stabilität sorgen.

Dass man die Treter mit den drei Streifen auch aus größerer Distanz gut erkennen kann, merkte er erst später – nämlich 1952 bei den Olympischen Spielen in Helsinki, als er schon fixiert war auf seine Drei-Streifen-Träger. Da streifte sein Blick auch Sportler, die mit Schuhen des finnischen Sportartikelausrüsters Kahru an den Start gingen. Dass die ihm auffielen, war kein Wunder. Zum einen gewannen die damals 15 Goldmedaillen, zum anderen hatten deren Schuhe ebenfalls drei Streifen. »Ah, *die das* tragen, sind immer auf dem Siegertreppchen«, dachte sich womöglich der fränkische Schuster. Folgerichtig schwatzte er der finnischen Firma für umgerechnet 1600 Euro und eine Flasche Whiskey dreist die Markenrechte für die drei Streifen ab. »Schuster, bleib bei deinen Leisten« war danach sicherlich nicht mehr sein Motto. Denn leisten kann sich Adidas seitdem viel: Mit über 21 Milliarden Euro Umsatz ist der mittlerweile zweitgrößte Sportartikelhersteller der Welt bis heute mit den drei Streifen ganz gut gefahren.

Streifen wir deshalb kurz nicht nur die Geschichte, sondern auch die Interpretationsmöglichkeiten: Warum drei Streifen und keine zwei oder vier? Klar, aller guten Dinge sind drei. Und wenn nicht, dann stinkt das drei Meilen gegen den Wind, und zwar ewig und drei Tage. Deshalb ist es in drei Teufels Namen klug, sich jemanden drei Schritte vom Leib zu halten, der so dreist ist, mit Dreizack im Dreieck zu springen und drei Wünsche zu haben.

Nicht zu vergessen die Anhänger der hinduistischen Gottheit Shiva, die sich drei weiße Streifen mit Asche auf die Stirn malen, Tripundra genannt. Die Linien repräsentieren die dreifache Kraft des Willens, des Wissens und des Tuns. Meistens ist es Asche, die aus verbranntem Kuhdung hergestellt ist. Vielleicht rennt man mit Adidas-Schuhen deshalb so gerne auf Aschenbahnen. Und meist sind es ja nicht nur bei den Hindus Rindviecher, denen man die Stirn bieten will.

Kreuzweise: Das Signet der Bayer AG

Chemiewerke haben es nicht leicht in Zeiten der wachsenden Sorge um Natur, Klima und Gesundheit. Umweltauflagen, Emissionsbegrenzungen und Skepsis gegen Chemieprodukte aller Art sowie Pflanzen- und Tierschutzaspekte machen den Produzenten das Leben schwer – zumal, wenn man dauernd Trouble wegen nachgewiesener Umweltverschmutzung, Spenden an Klimawandelleugner, Preismanipulationen, Kartellen, fragwürdigen Marketingmethoden à la »Drückermethoden an der Praxistür« (*Spiegel Online*) und unerlaubter Drogentests für potenzielle Azubis an der Backe hat.

Schlau ist, wenn man sich dumm stellt und so tut, als wisse man von nix. Noch besser, man macht den Eindruck, nicht bis drei zählen zu können. Dass der dümmste Bauer die größten Kartoffeln habe, ist ja hinreichend bekannt. Der Konzern heißt allerdings nicht Bauer, sondern Bayer. Da kann man niemandem ein Y für ein U vormachen. Bayer passt aber noch viel besser, da der Bayer gemeinhin als störrisch, dickköpfig und einfältig gilt, mit dem zu kommunizieren überhaupt keinen Sinn macht, weil auf Einsicht nicht gehofft werden kann. »Die Bayern sind verschlagen, maulfaul, träge – und halten das auch noch für tolerant«, schrieb selbst die *Süddeutsche Zeitung*. Die vorurteilsbehaftete Bezeichnung »Bayer« dann auch noch in Kreuzform zu präsentieren, unterstreicht die polternde Mentalität, dass Kunden und Gesellschaft einen mal kreuzweise können, bis sie sich grün und blau ärgern. Das sind die Farben des umgebenden Kreises im Logo.

Beim Wort »Bayer« hat ja jeder ein Bild vor Augen: meist das eines bärtigen, grobschlächtigen Originals mit Gamsbart am Hut, Lederhosen und besticktem Hosentürl, Wadenwärmern und Haferlschuhen. Beim Oktoberfest verkleiden sich sogar Nichtbayern zum Kampfbesäufnis so. Versucht man bei Bayer mit dem Logo, dieses bayerische Image auf sich abfärben zu lassen? Diesen Schluss lässt zumindest das Firmenarchiv zu. Dort ist nachzulesen, wie es zu dem Logo kam. Ein gewisser Doktor Schweizer aus der Bayer-Dependance in New York hatte Ende des 19. Jahrhunderts die undankbare Aufgabe, Erzeugnisse der »Farbenfabriken vormals Friedr. Bayer & Co., Elberfeld« aus der deutschen Heimat amerikanischen Medizinern schmackhaft zu machen. Die ellenlange Firmenbezeichnung machte schon eine knackige Arzneimittelpräsentation unmöglich – ganz abgesehen davon, dass man als Firmenemblem das Wappen der Bayer-Heimatstadt Elberfeld zeigte. Das ziert ein doppelschwänziger Löwe mit dem Grillrost, auf dem der heilige Stadtpatron Laurentius gemartert worden war. Das war selbst den hartgesottenen Amis zu viel des Grillguts.

Zunächst hat man 1895 den Löwen in eine geflügelte, die Weltkugel beherrschende Raubkatze mit Merkurstab umgemodelt. Immerhin wechselte man damit von Folter auf Handel, inklusive zweier sich am Stab emporwindender Schlangen. Ein bisschen giftig wollte man also schon noch sein. Dann kam Dr. Schweizer auf den Einfall mit dem

Kreuz, das er als Firmenstempel nutzte. Dieses neue Warenzeichen kreuzte fortan weltweit auf und wurde schließlich sogar auf Tabletten geprägt. Weil man bei Bayer immer schon hoch hinaus wollte, ließ man im Werk Leverkusen 1933 zwischen zwei Schornsteinen das Bayer-Kreuz sogar als Maxi-Blinklicht mit 72 Metern Durchmesser, bestehend aus 2200 Glühbirnen, anbringen. Das größte Wahrzeichen der Welt zu diesem Zeitpunkt – und wahrlich gut gewählt, denn der Bayer gilt gemeinhin als große Leuchte.

Heißes Eisen: Der SAP-Amboss

Das Logo des Softwareherstellers SAP sieht ein bisschen aus wie die ausgefahrene Klinge eines Cuttermessers. Vielleicht will man eben das ja ausdrücken: dass man sich geschnitten hat, wenn man glaubt, dass bei Softwareprojekten nicht oft vieles auf Messers Schneide stünde. Wer scharf kalkuliert, darf sich nicht wundern, wenn einer am Ende bluten muss.

SAP selbst sieht in dem Logo kein Messer, sondern spricht von einem Amboss. Vielleicht kommt das tatsächlich manchen Kunden in den Sinn, die ihre gesamte Firmensoftware auf SAP umgestellt haben: dass das ziemlich behämmert war. In einer laufenden Produktion die Software umzustellen oder upzudaten, ist ein heißes Eisen. Und »Amboss« als Aussage stimmt zumindest auf die Frage, an wem es liegt, den ganzen Ärger mit der Software an der Backe zu haben: »Am Boss!«

Auf ein kleines Detail im Logo, das leicht übersehen wird, sollte hier kurz verwiesen werden. Der Querstrich im A von SAP hat eine Bogenform. Diese gestalterische Nuance ist dem Designer Hartmut Esslinger von Frogdesign zu verdanken, der unter anderem mit dem Hansgrohe-Kult-Duschkopf Tribel viel Trubel verursacht hat. Das Ding hat sich über 15 Millionen Mal verkauft. Das scheint die Chefs von SAP überzeugt zu haben, ihn zu beauftragen, da für deren Kunden die Umstellung auf neue Software auch wie eine kalte Dusche wirken muss.

Warum aber nun der Bogen im A? Weil man lieber einen Bogen um SAP machen sollte? Weil die den Bogen etwas überspannt haben? Immerhin schrieb der *Spiegel* in einem der meistgelesenen Artikel des Jahres 2021: »Nach Gesprächen mit Insidern und der Sichtung geheimer Dokumente drängt sich das Bild eines Unternehmens auf, das sich offenbar auch mit unlauteren Methoden, vor allem dem Diebstahl geistigen Eigentums an die Weltspitze getrickst hat.« Es klingt fast so, als ob SAP den Bogen doch nicht raus und sich bei anderen Unternehmen rechtswidrig bedient hätte.

Das Unternehmen ist das Lebenswerk der beiden Herren Hopp und Plattner. Hopphopp musste es da immer gehen, und platt machen wollte man vor allem den Mitbewerb beziehungsweise Kunden, die dort bestellen. So zitierte der *Spiegel* einen IT-Berater, der auf der Brightwork-Website über SAP lästerte: »Wer alle SAP-Produkte kauft, bekommt bis zu 90 Prozent Rabatt. Wer nur ein einziges von einem anderen Anbieter nimmt, muss plötzlich mehr zahlen.« Da mag mancher in Erwägung ziehen, ans Logo-A zu denken und seinen SAP-Berater im hohen Bogen rauszuwerfen.

Mit gestutzten Flügeln: Das Logo der Allianz

Ohne historische Herleitung kann wohl kaum jemand erklären, was das Allianz-Logo bedeuten soll. Man sieht innerhalb eines Kreises drei Striche, der mittlere etwas länger und oben mit einem Häkchen nach links. Würde man es als Buchstaben lesen, stünde da »ili«. Das Wort gibt es in der Plansprache Ido, die auf der Basis des Esperanto geschaffen wurde – in der Hoffnung, dass wir uns alle mal glänzend verstehen. »ili« ist die 3. Person Plural, also nicht ich, nicht du, sondern die anderen. Das ist ja die Idee einer Versicherung. Die anderen sollen zahlen, wenn man mal selbst zu Schaden kommt.

Bevor es jemandem ganz die Sprache verschlägt, sei betont, dass es sich gar nicht um Buchstaben handelt. Die drei Striche sollen einen stilisierten Adler darstellen. Fliegen könnte der mit seinen abgetrennten Flügeln sicher nicht, stehen allerdings auch nicht. Dazu fehlen ihm die Füße. Komischer Vogel! Aber ein würdiger Stellvertreter für einen Versicherungskonzern: Die stutzen einem die Flügel im Schadensfall und stellen Sachverhalte so dar, dass man nicht dazu stehen kann. Das Münchner Landgericht hat zumindest schon des Öfteren angemahnt, dass die Versicherungsbedingungen der Allianz intransparent seien. Das Oberlandesgericht Stuttgart hat Vertragsklauseln für unwirksam erklärt, die der Allianz ermöglichten, Rückkaufwerte und Stornokosten zuungunsten der Kunden falsch zu berechnen. Da passt der stilisierte Greifvogel ganz gut ins Bild. Man muss halt Federn lassen.

1890 sah das noch ganz anders aus. Da schmückte sich die Allianz mit einem detailreichen Adler, der schützend seine Flügel über zwei kleinen Schilden ausbreitete: eines mit einem Mönch, eines mit einem Bären. Weil sie um die Vergebung ihrer Sünden baten und uns einen Bärendienst erwiesen? Oder weil man ein dickes Fell brauchte, um dort arbeiten zu können, und die Bezahlung eher asketisch ausfiel?

Asketisch und minimalistisch mutet zumindest das Re-design des Logos aus dem Jahr 1924 an. Karl Schulpig wagte einen radikalen Schnitt – so eine Art Scherenschnitt –, und machte eine fette schwarze Silhouette mit drei kleinen Piepmätzen vor oder im Bauch des nicht mehr gefiederten Freundes daraus. 1977 wurde noch ein Kreis darum gezogen, und seit 1999 ist von dem einstmals kaiserlichen Adler nichts weiter übrig als drei Balken. Vielleicht haben Vorstände und Aktionäre auch nichts anderes mehr im Sinn als Balkendiagramme.

Dass man einen Vogel sehen sollte, dürfte Versicherungsvertreter in die Luft gehen lassen, die für die Allianz arbeiten. Deren Image ist nämlich im Keller. Seit über fünfzehn Jahren ermittelt das forsa-Institut im Auftrag des DBB Beamtenbundes das Ansehen verschiedener Berufe. Traditionell landet der Versicherungsvertreter immer ganz unten im Ranking. Unter anderem könnte ja vielleicht das Allianz-Logo daran schuld sein, dass man Versicherern nicht Kompetenz und Sachverstand zutraut, sondern eher schlüpfrige Fantasien unterstellt. Sieht man ja am Logo, dass das irgendwas mit Vögeln zu tun hat. Sollten Sie als Kunde bei der Allianz versichert sein und Sie einmal ein Vertreter eines anderen Versicherungskonzerns heimsuchen, zeigen Sie ihm also einfach den Vogel.

Rückschläge bezüglich Vorschlägen

Ich darf mich diplomierter Ideenmanager nennen. Klingt geil, steckt aber wenig dahinter. Den Titel bekam ich nach einer fünftägigen Schulung vom Deutschen Institut für Betriebswirtschaft verliehen, ich musste nicht mal eine Universität oder Hochschule betreten. Institut darf sich tatsächlich jede x-beliebige Einrichtung nennen. Da muss man keine Wissenschaften betreiben; es reicht, wenn man irgendetwas *tut*, darum heißt es ja Insti*tut* und nicht Insti*wissen*. »Diplom« ist zudem eine Auszeichnung, die jeder vergeben darf. Vergebens war es trotzdem nicht.

Ich besuchte diese für meine damaligen Verhältnisse nicht ganz günstige Qualifizierungsmaßnahme, weil ich als Marketingnovize der Meinung war, dass Betriebsangehörige zigmal mehr Vorteile und Alleinstellungsmerkmale ihrer hergestellten Güter aufzählen können und Raffinessen ihrer Produktneuheiten wissen, als es sich Werbeagenturen selbst nach tagelangen Briefings mit Marketingleuten jemals aus den Rippen leiern werden. Warum also den Umweg über externe Kampaneros wählen, wenn man aus der kostengünstigen Quelle der eigenen Mitarbeiter schöpfen kann?

Ich wurde eines Besseren belehrt. Abteilungsübergreifend soll Denken besser gar nicht stattfinden. Im Vorschlagswesen, und nichts anderes ist das Ideenmanagement, darf man nur Vorschläge unterbreiten, die den eigenen Arbeitsbereich betreffen. Über den Tellerrand schielen ist unerwünscht. Jemand von der Werkband darf gedanklich nicht in die heilige Welt des Marketings hineingrätschen oder andere Entscheidungen derer tangieren, die im Anzug statt im Blaumann zur Arbeit erscheinen. Das betriebliche Vorschlagswesen dient schließlich der Verbesserung dessen, was man dank der täglichen Beschäftigung kennt. Es ist zwar ein partizipatives, aber kein Partisanen-System.

Klar will man das Ideenpotenzial der Mitarbeiter anzapfen, aber nur bei solchen Belangen, bei denen man im Nachhinein nicht Vorgesetzten vorwerfen könnte, da hätten die auch mal schön selber drauf kommen können. Eigentlich schade, denn das Potenzial ist gewaltig, selbst wenn man nur erzielte Einsparungen statt genialer Eingebungen bemisst. Die Einsparsumme kann man ermessen, weil Prämien ausgeschüttet werden, die sich am quantitativ errechenbaren Nutzen der Verbesserungsvorschläge orientieren. Der betrug schon vor Jahren in Deutschland 1,4 Milliarden Euro. Das sind keine aktuellen Zahlen, aber irgendwann hat mich das Institut nicht mehr mit neuesten Zahlen beliefert. Da scheint irgendjemand mitbekommen zu haben, dass ich in keine Schublade passe und gar keine Hammervorschläge, sondern eher den Vorschlaghammer herausholen werde, um Schubladen, in denen das Denken feststeckt, kaputt zu machen, die Vorschläge hemmen. Die Zahl von 1,4 Milliarden Euro muss jedenfalls nach oben korrigiert werden; allein deshalb, weil es Werte oder Einsparungen gibt, bei denen der geldwerte Vorteil gar nicht ermittelt werden kann. Dazu gehören zum Beispiel Unfallvermeidung, Risikominimierung, Funktionssicherheit oder Schutzmaßnahmen für Mensch, Tier, Ding und Umwelt.

Das Institut, bei dem ich mein Diplom damals bekam, macht Umfragen zum Thema Vorschlagswesen: 306 Unternehmen aus 18 Branchen meldeten, dass von deren zwei Millionen Beschäftigten 1,3 Millionen Verbesserungsvorschläge eingereicht worden sind. Zwei von drei Mitarbeitern beteiligten sich also, die meisten in der Automobilindustrie: Da reicht im Schnitt jeder Mitarbeiter etwa zweieinhalb Vorschläge ein. In Krankenhäusern ist die Beteiligungsquote hingegen sehr mau; da gibt es pro hundert Mitarbeiter nur vier Vorschläge. Über alle Branchen verteilt gab es Prämien im Wert von 159 Millionen Euro, also im Schnitt 199 Euro pro Vorschlag.

Verblüffend ist, dass die Quote der Ideeneinreichungen drastisch sinkt, wenn der zuständige Vorstand fürs Vorschlagswesen ein Arsch ist. Auch das hat man gemessen. Also nicht das Anus-Ausmaß oder Gesäßgewicht von Vorgesetzten, sondern den Zusammenhang von Partizipations- und Sympathiegrad. Je unbeliebter die Führungskraft, umso weniger Gedanken machen sich Leute, wie ihre Arbeit besser werden könnte. Obwohl sie sich pro verkniffener Idee im Schnitt 199 Euro durch die Lappen gehen lassen, verzichten sie lieber auf Geld, als dass sie einem Vorgesetzten, den sie nicht leiden können, das Gefühl des Erfolgs gönnen.

Parklistige Täuschung

In Zeiten der heiß diskutierten Klimaerwärmung und dem Ruf nach Reduzierung von Feinstaub, Kohlendioxid und anderen prekären Partikeln können Firmeninhaber ein Zeichen setzen beziehungsweise sogar ein wirksames Mittel nutzen, um Mitarbeiter zum Umsteigen auf Bus und Bahn oder Rad und Roller zu bewegen: Einfach keine Mitarbeiterparkplätze mehr zur Verfügung stellen! Diese Idee unterbreitete mir hinter vorgehaltener Hand ein leicht angetrunkener Justiziar bei einer Firmenfeier. Womöglich heckte er einen perfiden Racheplan gegen Mitarbeiter aus, weil er selbst keinen Parkplatz zugewiesen bekommen hatte.

Seine Idee verkaufte er als Sieg der Vernunft gegen Smog, Stau und Verkehrsinfarkt. Denn was würde bei einer Verknappung des Angebotes an Parkmöglichkeiten passieren? Statt unnötig viel nervige Zeit mit der Suche nach einem Parkplatz zu verplempern, würden Angestellte und Arbeiter irgendwann automatisch nach Auto-Alternativen suchen.

Die wenigen, die dann dennoch mit der eigenen Karre kämen, wären überpünktlich oder sogar lange vor Arbeitsbeginn bei der Arbeit, weil sie sonst nirgends mehr in der Nähe ihrer Arbeitsstelle ein Plätzchen für ihren Pkw fänden.

Pendler, Pöbler, Personalrat hätten gegen solche rabiaten Methoden nicht einmal eine Handhabe. Arbeitnehmer haben nämlich keinen Rechtsanspruch auf einen kostenlosen Parkplatz auf dem Betriebsgelände – selbst dann nicht, wenn der Arbeitgeber schon bestehende und von Arbeitnehmern kostenfrei genutzte Parkflächen plötzlich umwidmet, für Neubauten nutzt oder einfach anderweitig verplant, prahlte der Rechtsverdreher. Es muss dann kein Ersatzparkraum für fahrbare Untersätze der Untergebenen geschaffen werden.

Ein Wegfall kostenfreier Parkplätze wäre für Mitarbeiter umso schmerzhafter, als dieses bisherige Privileg nicht als geldwerter Vorteil versteuert werden muss – und zwar unabhängig davon, ob sich der Parkplatz auf firmeneigenem Gelände befindet oder vom Arbeitgeber angemietet wird. Das nordrhein-westfälische Finanzministerium hat das extra in einem Erlass geregelt. Das Erstatten von Parkgebühren hingegen, selbst auf Dienstreisen, wird steuerlich als geldwerter Vorteil gewertet.

Daraus lässt sich ableiten, welch heilige Kuh ein eigener Parkplatz am Arbeitsplatz in Deutschland selbst für den Fiskus ist. Was passieren würde, wenn man den tatsächlich wegnähme, käme einem Volksaufstand gleich. Man hat ja gesehen, wie die französischen Gelbwesten auf die Barrikaden gingen, als fossile Kraftstoffe zur Finanzierung der Energiewende in Frankreich höher besteuert werden sollten. Würde man die Deutschen damit ängstigen, ihnen ihre Parkplätze wegzunehmen, gäbe es nicht nur gelbe Westen, sondern zornesrote Wutbürger, die blaue Wunder androhen.

Die schönsten Parkplätze direkt vor der Eingangstür eines jeden Unternehmens sind meist reserviert für Geschäftsführung, Kunden und Kuriere. Da Vorgesetzte sich wahrscheinlich nicht dazu durchringen werden, wie oben vorgeschlagen, Mitarbeitenden-Parkplätze abzuschaffen, gehen inzwischen einige zumindest mit gutem Beispiel voran: Statt mit dem teuren Firmenwagen wird mit dem Fahrrad vorgefahren. Was natürlich nur geht, wenn eine komfortable Dusche in der Chefetage eingebaut wird. Denn wenn schon der Job nicht richtig schweißtreibend ist, sollen alle sehen, dass es zumindest der Weg dorthin ist. Schließlich möchte man den Beweis antreten, dass man mit Dynamik ans Ziel gelangt. Oder mit Dynamo, damit einem auch mal das Licht aufgehen kann. Wer ein Unternehmen lenkt und schon morgens am Lenker sitzt, lenkt die Aufmerksamkeit auf sich und darauf, dass man etwas bewegen kann, zumindest sich selbst.

Mitarbeitenden ist allerdings dringend davon abzuraten, den freien Führungsparkplatz für sich zu nutzen. Da haben sie die Rechnung nämlich ohne den Pförtner gemacht. Selbst wenn der Kopf des Unternehmens überhaupt kein Auto und womöglich nicht einmal einen Führerschein haben sollte, wird dessen Parkplatz verteidigt und freigehalten werden. Eher bleibt der Platz unbelegt, als dass irgendeine dahergefahrene Nicht-Autoritätsperson es wagen dürfte, mit ihrem Auto zu halten, wo sie will.

So muss es zumindest in der Firma des besagten Justiziars gewesen sein, der mir von seinem perfiden Parkplatz-Abschaffungsplan berichtete. Sonst hätte der nicht solche kruden Parkraum-Begrenzungsfantasien gehegt. Der Wille des Pförtners geschehe! Jede Zuwiderhandlung wäre ein Himmelfahrtskommando.

Grund zum Feiern

Als Eventprofi rate ich Ihnen, niemals Business-Veranstaltungen auf einen Feier- oder Brückentag zu legen. Der Feiertag ist den Deutschen heilig! Man schläft aus, und wenn man aufsteht, dann nur, weil man Hunger oder Durst hat. Die Küche bleibt aber auf jeden Fall kalt. Man will nicht arbeiten, wenn man schon mal frei hat. Man geht lieber essen. Viele Wirtschaften haben deshalb gerade dann keinen Ruhetag, wenn die Wirtschaft ruht.

Das dürfte Englischsprachige verwirren: dass »Wirtschaft« sowohl der Ort ist, wo man trinkt, wenn man nicht arbeitet, als auch all das bezeichnet, wo man nicht trinken darf, weil man arbeitet. Während es also wegen desselben Anlasses, nämlich der Feiertage, den Schankwirtschaften gut geht, geht es der Volkswirtschaft schlecht, oder anders ausgedrückt: wird in jeder kleinen Wirtschaft mit viel Umsatz gerechnet und in der großen Wirtschaft mit wenig. Zumindest schöpfen Analysten Verdacht, dass es viel kostet, wenn Arbeitnehmer Speisen und Getränke kosten anstatt dass Arbeitgeber auf ihre Kosten kommen.

Mehr als um den Verdacht geht es aber um Werte, die geschöpft werden müssen. Der schlaue Wirtschaftsforscher Christoph Schröder vom Institut der Deutschen Wirtschaft in Köln hat ausgerechnet, dass die Wertschöpfung an einem einzigen Arbeitstag bei etwa zehn Milliarden Euro liegt. Wenn die Arbeit darniederliegt, liegt sie erst einmal bei

null, auch wenn ein Teil der liegen gebliebenen Arbeit natürlich nachgeholt wird. Dennoch bedeutet das, dass mit einem einzigen Feiertag schnell mal 0,1 Prozent der jährlichen Wirtschaftsleistung flöten gehen kann. Wachstumsprognosen für kommende Jahre werden deshalb auch immer anhand der Anzahl der auf Werktage fallenden Feiertage berechnet. Allein dieser Kalendereffekt kann Stellen kosten, zwar nicht an Arbeitsplätzen, aber immerhin hinter dem Komma. Wenn dann noch ein paar Brückentage hinzukommen, jammern Kapitalisten, dass ihnen die Felle davonschwimmen. Die Deutsche Bank hat nachgerechnet, wie man auf einen guten Schnitt kommt: Nur ein Prozent mehr Arbeitstage im Jahr führen im Schnitt zu einem Anstieg der gesamtwirtschaftlichen Leistung um 0,3 Prozent. Also mehr arbeiten für mehr Wachstum, damit wir mehr Ernte einfahren können? Nicht unbedingt, meint der Ökonom Peter Hohlfeld von der Hans-Böckler-Stiftung: »Auf lange Sicht kompensieren sich die Schwankungen beim Bruttoinlandsprodukt, die auf der jährlich unterschiedlichen Zahl der Arbeitstage beruhen.«

Ins Schwanken kommt man vor allem, wenn man die kleinen Wirtschaften, also Gastwirtschaften, aufgesucht und trunken verlassen hat. Verlassen wir uns aber auf die Zahlen der großen Wirtschaft, was Schwankungen anbelangt – vor allem in Bezug darauf, wie sich landesspezifisch unterschiedliche Feiertagsregelungen auswirken. Bayern hat zum Beispiel fünf Feiertage mehr als Niedersachsen und vier mehr als Mecklenburg-Vorpommern. Somit müsste der Freistaat die Feierlaune seiner Arbeitnehmer übel zu spüren bekommen. Irritierenderweise steht Bayern aber beim Bundesländer-Vergleich der Wirtschaftsleistung auf dem Siegertreppchen der besten drei. Niedersachsen wiederum nicht! Mecklenburg-Vorpommern nimmt sogar den letzten Platz ein. Ein Feiertag hin oder her scheint also überhaupt keine Rolle für die Wirtschaftskraft zu spielen.

Dass Bayern so gut abschneidet, könnte Englischsprachigen übrigens leicht erklärt werden. Immerhin kann man nur etwas erwirtschaften, wenn man investiert. Man muss kaufen, bevor man verdienen kann. »Kaufen« heißt auf Englisch »buy« und »verdienen« ist übersetzt »earn«, zusammen also »Buy-earn«. Das ist da, wo man mit Lederhose am Laptop arbeitet, in Tracht zur Wies'n geht und am Feiertag in die Kirche.

Vielleicht sollten wir uns alle mal fragen, was uns heilig ist, und arbeitsfreie Tage nicht einfach als Wachstumskiller verteufeln. Bevor also weitere Feiertage dran glauben müssen, sollten wir Glaubensbrüdern Glauben schenken, die Ahnung davon haben, was einem heilig sein sollte. Der ehemalige Ratsvorsitzende der Evangelischen Kirche in Deutschland zum Beispiel fände es »ein tolles Zeichen, wenn die Politik einmal nicht allein für die Ökonomie, sondern für das Miteinander der Menschen neuen Freiraum schaffen könnte«. Was er damit meint? Ganz einfach: Der Reformationstag sowie der Buß- und Bettag sollen bundesweit gesetzliche Feiertage werden. Der betreffende Bischof heißt übrigens Bedford-Strohm. Da steckt phonetisch schon alles drin, was einen gelungenen Feiertag ausmacht: das Bett, und dann fort mit dem Strom! Dann können uns weder Telefonanrufe noch E-Mails erreichen; geschweige denn der Chef, der uns zur Vernunft und Arbeit rufen möchte.

Kann ein Verband heilen?

Wer politisch Gehör finden will, sollte alle Register ziehen. Im Lobbyregister des Deutschen Bundestages sind deshalb schon knapp 5300 Interessenvertreter verzeichnet. Neben Lobby-Agenturen, Kanzleien, Stiftungen, Thinktanks, Non-governmental organisations (NGOs) und Unternehmensvertretern sind das vor allem Verbände. Klar: Einer für alle, alle für einen! Wer mehr Einfluss und Durchblick, nützliche Kontakte und hilfreiche Ausblicke haben möchte, als man es als einzelne Firma oder Einrichtung hinkriegt, schließt sich einem Verband an oder gründet einen.

Mir stellt sich die Frage, warum man einen Zusammenschluss von Leuten, die mehr Macht haben möchten, ausgerechnet so nennt wie Wundmaterial, das man braucht, wenn's blutig zugeht und von selbst nicht mehr besser wird. Wenn wir schon beim Thema sind: Es gibt sogar einen Druckverband! Den nimmt man da, wo viel Blut fließt. Das ist auch die Idee von jenen Verbänden, die mit sterilen Auflagen nichts zu tun haben: Man möchte Druck ausüben, damit es endlich aufhört, wehzutun.

Verbände jenseits der Mullbindenthematik, also die in der kapitalistischen Welt der Netzwerke statt der Netzgewebe, habe ich mir immer als etwas vorgestellt, das durch die Wahl kompetenter Vorsitzender und engagierter Mitglieder tatsächlich Einfluss erlangt. Dank meiner Tätigkeit als Kabarettist bei Versammlungen und Jahrestreffen verschiedener Verbände weiß ich, dass das nicht immer so ist. In vielen Verbänden sitzen nicht die am Ruder, die aktiv im Wirtschaftsleben stehen und den vollen Überblick haben, sondern Pensionäre, Rentner, Ruheständler, die sich aufgrund ihres größeren Tageszeit-Budgets um die Belange ihrer Branche kümmern können. Alt zu sein heißt ja nicht unbedingt, alt auszusehen, weniger engagiert aufzutreten oder weniger Verve mitzubringen. Ganz im Gegenteil.

Aber mal ehrlich: Wer traut einem Endsiebziger endlosen Elan in aufreibender Lobbyarbeit zu? Wer assoziiert Schlagkraft und Durchhaltevermögen mit einem, dessen biologisches Alter gemeinhin als Lebensabend oder letzter Lebensabschnitt umschrieben wird? Ist ein Methusalem mit monströsem Machtanspruch, der mit dem Kopf durch die Wand oder seinem Konzept an den Widersachern vorbei will, altruistisch oder einfach nur alt?

Oft aber sind Verbandsmitglieder dankbar, wenn überhaupt jemand die Vorstandsarbeit übernimmt. Bedenklich wird es, wenn die Planung nobler Gesellschaftsabende und die richtige Wahl honoriger Gäste am Präsidententisch mehr Priorität haben als das Intervenieren gegen Gesetzesvorlagen oder die permanente penetrante Lobbyarbeit, die notwendig wäre, um das Schlimmste zu vermeiden. Aber wie es so schön auf der Webseite krank.de heißt: »Ein Verband muss in der heutigen Gesellschaft den verschiedenen Anforderungen gerecht werden können. Doch oftmals kann die Anwendung auch als widersprüchlich betrachtet werden. [...] Ungeachtet dessen, dass der Verband auch in regelmäßigen Intervallen gewechselt werden muss.« Das gilt nicht nur für heilsame und hilfreiche Verbände, sondern auch für heillos hilflose, die ihre Wirkung verfehlen. Lobbyarbeit wäre nämlich wichtig. Nicht nur für Rüstungskonzerne, die niemals entwaffnend ehrlich sagen, was sie im Schilde führen, sondern für alle, die sich entrüsten wollen wegen Gesetzen, Steuern und Gebühren. Politiker sind angewiesen auf Stimmen von Experten und Betroffenen – das ist oder sollte die Domäne der Verbandsträger, pardon, Verbandsfunktionsträger sein. Die größte Berufsgruppe unter unseren Parlamentariern sind nämlich Juristen. Gesetzt den Fall, die bekämen die Auswirkungen ihrer eigenen Gesetze nicht zu spüren, wäre es nicht verkehrt, es zu richten, bevor es schmerzhaft wird und die einen Verband anlegen müssen, äh, die sich mit einem Verband anlegen müssen.

Zwitscher ab!

Bewanderte Bewunderer des britischen Schneiderhandwerks denken wahrscheinlich an dicke, rustikale Stoffe, wenn sie »Tweed« hören. Rustikal geht es auch meist zu, wenn man mit Tweets Erfolg haben will. Dazu braucht man auch gar nicht viel Stoff. Mehr als 280 Unicode-Zeichen sind eh nicht drin. Die haben es aber meist in sich. Eric Posner, Professor für Internationales Recht in Chicago, ist der Meinung, dass Tweets immer bewusst abfällig und im Tonfall erregter Empörung mit einem Schuss Skandalisierungslust verfasst werden, um möglichst viele Likes und Retweets zu erzielen.

Spätestens jetzt wissen Sie, wovon die Rede ist. Während Tweed nämlich nur faserig und durchaus tragbar ist, sind viele Tweets einfach unerträgliches Gefasel. Wir reden hier von den telegrammartigen Kurznachrichten, die man über den Mikroblogging-Dienst von Twitter Inc. verbreiten kann. Mittlerweile zwitschern es auch Kommunikationsprofis von den Dächern, dass sich für Vorstände und Manager damit ungeahnte Möglichkeiten eröffnen. Musste man nämlich früher einen ganzen Stab an PR-Fachleuten und Kommunikationsexperten beauftragen, um etwas in die Welt setzen zu können, reicht es heute, schnell was ins Smartphone zu tippen, damit sich andere an die Stirn tippen oder schnell Tipps weitergeben können.

Vorausgesetzt natürlich, man hat genug Follower, um rasch ausreichend Reichweite zu erzielen. Nicht ohne Grund endet Follower mit »lower«, was so viel wie »niedriger« heißt. Denn die Anforderungen an die Follower sind äußerst gering. Twitter nennt sie ja absichtlich nicht Freunde, wie es bei Facebook der Fall ist. Follower müssen nicht mal Menschen sein. Schon seit Langem gehen IT-Experten davon aus, dass nur etwa ein Drittel der sogenannten Follower eines x-beliebigen Durchschnittstwitterers reale Personen sind. Der Rest sind Social Bots, also Computerprogramme, die sich als Mensch wie du und ich tarnen.

Wenn schon die Follower virtuell sind, kann das der Absender doch auch sein, dachte sich der britische Technologie-Pionier und Sensortüftler Kevin Ashton. Also kreierte er fix einen mexikanischen Social-Media-Guru, nannte ihn Santiago Swallow und freute sich, dass sein Fake-Fuzzi bald über 90.000 Twitter-Follower und einen Wikipedia-Eintrag mit einer glaubwürdig klingenden Biografie hatte.

Unfassbar, aber fassen wir trotzdem zusammen: Follower müssen nicht echt sein, die Verfasser müssen nicht echt sein, und die geteilten Nachrichten erst recht nicht. Goldene Zeiten also für Aufschneider und Angeber. Darüber hinaus kann man so einfach wie noch nie Investoren beeindrucken, den Aktienkurs nach oben treiben, Konsumenten bei Laune halten oder einfach Politik machen.

Elon Musk, der Vorstandsvorsitzende von Tesla, hat sich zum Beispiel den PR-Coup erlaubt, Twitter kaufen zu wollen, dann wieder doch nicht (wegen Irritationen bezüglich obiger irrealer Interessierter, vulgo Follower), schließlich doch. Dies tat er, nachdem er selbst erfahren durfte, wie wirkungsvoll Twitter seine Botschaften in die Welt rausposaunt, äh, zwitschert. Er hatte nämlich einige Zeit zuvor nicht per Pressemitteilung oder -konferenz, sondern auf Twitter angekündigt, seine »erste europäische Gigafactory in der Gegend von Berlin zu bauen«. Was eine Gigafactory ist, wusste damals freilich nur er. Aber aus den Buchstaben dieses schönen Begriffs lässt sich auch »City for gaga« basteln.

Und ein bisschen gaga war die Bekanntgabe natürlich. Er hat sie richtig genial eingefädelt. Er ist extra – und für die Veranstalter völlig überraschend – nach Deutschland geflogen, um bei der für Megastars wie ihn eigentlich als popelig einzustufenden Preisverleihung des Goldenen Lenkrads 2019 diese »kleine Ankündigung« einzuläuten, ohne Details zu nennen. Die kamen anschließend per Tweet: Dort verkündete Musk, dass er Batterien, Antriebsstränge und Fahrzeuge fürs Modell Y in Brandenburg bauen lassen wolle. Gleichzeitig ließ er für die Skeptiker vom Dienst noch am selben Abend Stellenausschreibungen für den Standort Deutschland auf der Internetseite von Tesla veröffentlichen. Okay, nach zwei Tagen waren die Ausschreibungen von der Website wieder verschwunden, aber der Aktienkurs war in den zwei Tagen von 303 Euro auf den bisherigen Höchstkurs der Tesla-Aktie von 323 Euro gestiegen. Der Ministerpräsident von Brandenburg nannte Musks Ankündigung postwendend eine »hervorragende Nachricht für unser Land«.

Anders reagierte der damalige Vorstandsvorsitzende von Siemens, Joe Kaeser. Dessen Aktien kannten in den Tagen des Tesla-Coups zwar auch den Weg nach oben. Dennoch schien sich Kaeser über den Käse geärgert zu haben, den Elektro-Epigone Elon Musk den lieben langen Tag so daherredete und dafür gefeiert wurde, während man die Siege des Siemenschefs eher verkannte. In einem Tweet beschwerte er sich folglich, dass ein deutscher Konzernlenker als pathetisch bezeichnet werde, wenn er über die Zukunft redet, hingegen ein kiffender US-Kollege, der vom Weltraum träumt, als Visionär gefeiert wird. Klar, dass das auf Elon Musk gemünzt war, dem keine noch so erratische Eskapade zu abseitig wäre, um auf sich aufmerksam zu machen.

Leider ging Kaesers Schuss nach hinten los. Ausgerechnet der Siemens-Vorstand, der sein Nachfolger wurde, Roland Busch, hatte sich kurz vor Kaesers undiplomatischem Seitenhieb mit Elon Musk getroffen. Kaesers Kommentar galt somit nicht als konstruktive Kritik, sondern als Lästerei einer beleidigten Leberwurst. Musk hingegen lässt seine Maske nie fallen und zeigt nicht, wenn er sich ins Fäustchen lacht. Lieber ließ er sich als humanistischer Hasardeur feiern, der Hatespeech nicht verbieten, sondern der Meinungsfreiheit uneingeschränkte Entfaltungsmöglichkeiten bieten will. Komisch war nur, dass er das nicht auf Twitter schrieb, sondern dem Verwaltungsrat von Twitter in einem Brief mitteilte. Da hätte man sich schon denken können, dass er alle veräppeln will.

Apple ist an der Börse übrigens etwa fünfzigmal mehr wert, als Twitter es war, bevor Musk es von der Börse nahm. Ist der Gigamillionär also gaga, wenn er so eine komische Kurznachrichtenfirma kauft? Anfangs wollte er womöglich nur ein bisschen mit deren Aktienkurs spielen, um den Kaufpreis zu senken. Der fiel nach seiner anfänglichen Kaufabsage auch tatsächlich deutlich. Was Twitter gar nicht gefiel, weshalb man Musk kurzerhand verklagte. Der hat die Quasselbude dann doch für 44 Milliarden Dollar übernommen – womöglich, weil ihm eingefallen ist, wie man die Twitter-Nutzer doch noch ins Garn locken kann. Dazu verhilft ihm letztendlich die hohe Anzahl der virtuellen Fake-Follower. Um sich als wirklicher Twitterer aus Fleisch und Blut statt fiktiver Flunkerer aus Bytes ausweisen zu können, soll man in Zukunft nämlich blechen. Sollten von den etwa 360 Millionen weltweiten Twitterern nur ein Drittel Menschen sein, die aber brav ihren Monatsbeitrag entrichten, wird Musk seinen Kaufpreis in ein paar Jahren wieder reingeholt und in zehn Jahren ein paar Hundert Milliarden dazuverdient haben.

Tweed und Tweet, um auf den Anfang zurückzukommen, sind somit gar nicht so verschieden: Man darf nicht zu kleinkariert sein, wenn man im Gespräch bleiben und nicht aus der Mode kommen will.

Bunkern, was das Budget hergibt

Kennen Sie das »Dezemberfieber«? Das heißt nicht, dass Sie dem Jahresende mit seinen vielen Feiertagen entgegenfiebern. Nein, der Begriff besagt nichts anderes, als dass Behörden zum Jahresende hin alle Möglichkeiten nutzen, ihr Budget noch komplett auszuschöpfen, bevor ihr jeweiliger Ausgabeermächtigter Verdacht schöpfen könnte, dass gar nicht so viel gebraucht wie bewilligt worden ist. Man findet das Stichwort sogar als eigenen Wikipedia-Eintrag.

Es ist ja auch stichhaltig, dass man Geld noch hurtig ausgeben sollte, wenn schon mal Haushaltstitel eingestellt worden sind. Es bestünde sonst die Gefahr, dass der Betrag verfällt und – schlimmer noch – im nächsten Jahr nicht wieder zur Verfügung steht. Bevor Titel verfallen, schafft man lieber Dinge an, die man nicht braucht, als Geld nicht zu verbrauchen, das man später womöglich nicht mehr bekommt. Schließlich hat man die Macht, Geld auszugeben. »Eine Ausgabeermächtigung ist in der Kameralistik eine Ermächtigung, die im Haushaltsplan ausgewiesen wird.« Das steht so im Lexikon zur öffentlichen Haushalts- und Finanzwirtschaft: Es ist also ähnlich, wie man das schon aus der Flüchtlingspolitik kennt: Was ausgewiesen wird, kann schneller weg sein, als einem lieb ist.

Ich habe es mit eigenen Augen gesehen – und wäre es nicht so, würde ich es nicht glauben. Anlässlich eines Auftrittes zum Jubiläum eines Büroartikelhändlers in einer mittelkleinen Stadt fragte ich den Inhaber, wie man in einer doch überschaubaren Kommune so einen prosperierenden Büroladen am Laufen halten könne. Die Antwort klang logisch: Hauptkunde ist die ortsansässige Landesbehörde. Was die allein im Dezember an Umsatz bringe, reiche nicht nur zum Überleben, sondern zum üppigen Leben. Auf meine Nachfrage, ob denn der Bedarf an Kopierern und Co. nicht irgendwann erschöpft sei, sagte er, dass man bei Bestellungen nicht nachfrage, ob die Geräte überhaupt gebraucht werden, sondern darauf aus sei, dass sie bestellt und dann eben gebracht würden. So stellt man Jahr für Jahr Kartons mit nigelnagelneuen Bürogeräten in den Behördenkeller zu den unausgepackten Geräten, die man in den Vorjahren geliefert hat.

Kapiert habe ich anfangs nicht, warum Kopierer auf Vorrat gekauft werden. Ist so ein Vorrat nicht Verrat am Steuerzahler? Nun, wenn man bedenkt, das es hier weniger um technisches Equipment als um erquickliche Haushaltstitel geht, kann man dem Unterfangen nur beipflichten: Lieber übernimmt man sich doch dieses Jahr, wenn man weiß, dass nichts ins nächste Jahr übernommen werden kann. Und bevor das Budget im Folgejahr um den Betrag gekürzt wird, der im abgelaufenen Jahr nicht benötigt worden ist, und somit der Handlungsspielraum der Behörde eingeengt würde, schlägt man lieber zu und kein Angebot des Händlers aus. Noch besser ist, wenn der Händler gar nix bringen muss, sondern nur die Rechnungen bis zum Jahresende stellen soll, noch bevor Lieferungen oder Leistungen überhaupt erbracht worden wären.

Man mag sich gar nicht ausmalen, was passieren würde, wenn der Händler mal Bankrott ginge. Dann wäre der zwar geliefert, aber der Behörde würde nichts mehr geliefert. Wobei, die Kopierfähigkeit wäre wohl für ein paar Jahrzehnte gegeben: Im Keller steht ja noch genug Vorrat.

Da Rechnungsprüfer nicht doof sind und sich mächtig ins Zeug legen (statt mal auf die Kartons im Keller), gibt es oft gegen Jahresende Haushaltssperren. Bringt aber nichts, denn das verschiebt das generöse Geldausgeben nur in die Vormonate. Das Bestellen nicht benötigter Bürogeräte wird also keineswegs unterbunden, und die Sperre bringt auch niemanden in Verlegenheit – man braucht ja nur die Bestellung vorzuverlegen.

Gewiefte Steuerzahler könnten nun einwenden, dass solche Ausgaben gegen Haushaltsgrundsätze verstoßen würden, da sie ja gar nicht notwendig seien. Aber wie will man das nachweisen? Wenn doch in all den Vorjahren der bewilligte Haushaltsposten brav und korrekt ausgeschöpft worden ist, scheinen die Anschaffungen ja wohl notwendig gewesen zu sein. Wer glaubt schon, dass Behörden unnötig Kopierer bestellen? Wo sollten die auch alle stehen? Es denkt ja keiner an die dunkle Seite der Macht, also den Keller des Amtsgebäudes, beziehungsweise wie groß der sein kann. Schließlich bekommt ihn im Regelfall oder beim geregelten Besuch ja nie jemand zu Gesicht, zumindest kein Bürger, geschweige denn ein Rechnungsprüfer. So summiert sich nur weiter auf, was immer schon vernünftig klang.

Da mittlerweile auch in Haushaltsausschüssen Schussel nachgerechnet haben, dass es Kosten senkt, wenn man kostenbewusst einkauft, lässt man das, was nicht EU-weit ausgeschrieben werden muss, anschreiben. Ergo: Am Ende gibt es dann mächtig Nachlass! Damit kann man bis zu zweistellige Einsparungspotenziale bei den Gemeinkosten erzielen, behauptet zumindest der Informationsdienst »Einkaufsmanager«. In einer Tabelle listet dieser Dienst auf, dass man allein bei Informationstechnologie 28 Prozent, bei Bürobedarf 25 Prozent und bei Kopierern 31 Prozent sparen kann. Sollten Sie selbst Einkäufer einer Behörde sein und bei diesen Zahlen ins Grübeln kommen, ob man Sie nicht übervorteilt, nenne ich hier ausnahmsweise die Quelle, damit Sie besser über Vorteile Bescheid wissen: Expense Reduction Analysts. Man muss nur in größeren Margen bestellen und somit Mengenrabatte ausnutzen.

Was macht also unser schlauer Händler? Er macht Analysen, wie, wo und wann durch Bündelung der Einkaufsmengen Kosten reduziert werden können, und unterstützt die Behörde bei der Realisierung. Dank seiner smarten Dienstbarkeit stellt er heute nicht nur in einem Keller Kopierer ab, sondern gleich in mehreren. So haben mehrere Dienststellen etwas davon, und es bewegt sich endlich etwas in deutschen Amtsstuben. Auch wenn es nur Kopierer sind, die in den Keller getragen werden. Ertragen sollte man es als Bürger trotzdem; immerhin geht es um bewegliche Güter, also Dinge, die man abschreiben kann.

Aber wozu abschreiben? Heutzutage kann man doch kopieren! Ich weiß, wo genug Geräte herumstehen.

Erneuerbare Kriminelle Energie

Hinterher tun immer einige so, als hätten sie es kommen sehen! Ich war dabei und weiß: Keiner hat Lunte gerochen, als man das Unmögliche für möglich erklärt hat. Die Bombe ging erst später hoch. Ich durfte bei einer pompösen Gala auftreten und sah die Dollarzeichen in den Augen der Gäste. Eingeladen waren Vertriebspartner, Kunden, Investoren, Honoratioren. Es traten Trapezkünstler auf und eine Artistin, die eine Akrobatik-Show in einem Wasserbottich vorführte. Was sehr passend war, denn das Geschäftsmodell der Gesellschaft zur Förderung Erneuerbarer Energien (GFE) hat sich ja als große Luftnummer herausgestellt, bei der die Anleger baden gingen.

Nicht nur bei den Artisten war das Timing perfekt. Die GFE kam just nach der Lehman-Brothers-Pleite auf den Markt, als Katerstimmung auf den Finanzmärkten herrschte und Finanzdienstleister ihre klassischen Geldmarkt-Produkte wie sauer Bier anbieten mussten. Ohne viel Erfolg! Da kam die Idee, mit Rapsöl betriebene nachhaltige Blockheizkraftwerke in Containern zur Stromerzeugung und Geldvermehrung zu nutzen, wie gerufen. Als Anleger musste man sich nur so einen Container oder einen Teil davon kaufen und die Kiste dann an die GFE zurückvermieten. Schon kassierte man dann angeblich über Jahre die Einnahmen aus dem subventionierten Ökostrom, abzüglich Verwaltung und Wartung.

Ein verlockendes Angebot, das viele von der Idee mit den Stahlcontainern faszinierte – auch wenn nur Blech erzählt wurde. Zum Beispiel, dass der Wirkungsgrad der verbauten Motoren bei über 75 Prozent läge. Normal sind bei Dieselaggregaten dieser Bauart gerade mal 35 Prozent. Außerdem sollte der Motor selbst dann noch problemlos laufen, wenn man dem Rapsöl eine gehörige Portion Wasser beimischen würde, da der Motor ja ohne Belastungsspitzen immer gleichmäßig vor sich hin tuckere! Sprit aus Wasser und Bioöl? Da hätte selbst Jesus gestaunt! Daran glauben mussten aber nur die über tausend Anleger, die ihr Geld in die Container gesteckt hatten.

Unter den ersten Käufern waren und sind auch heute noch glühende Anhänger der vermeintlichen Geldvermehrung durch Wundermotoren. Im Internet kursieren die wildesten Verschwörungstheorien über die Hintermänner der Zerschlagung dieser Firma. Keiner der Betrogenen kalkulierte ein, dass – wie üblich bei Schneeballsystemen – die »Anfänger« dank der Zahlungen der neu Hinzugekommenen monatlich ausbezahlt werden konnten, auch wenn niemals Container aufgestellt worden sind und Geld eingespielt wurde. Es hält sich bis heute das Gerücht, dass große Stromkonzerne dem kleinen Energie-David den Garaus gemacht und deshalb das Geschäft mit den Diesel-Goldeseln abgewürgt hätten.

Alles Bullshit! Man wollte bei der GFE gar nie Strom aus Biomasse machen, sondern aus Beschiss Gold. Da man den Anlegern eine Rendite von etwa 30 Prozent versprochen hatte, und das garantiert über 20 Jahre, war seitens der Bescheißer wohl auch genug Zeit eingeplant gewesen, sich schwerreich aus dem Staub machen zu können.

Damit, dass die Staatsanwaltschaft so schnell an die Tür

klopfen würde, hatte wohl keiner gerechnet. Im Verlauf des Prozesses, der den Vorständen der GFE gemacht wurde, stellte sich heraus, dass selbige mindestens 50 Millionen Euro von Investoren abgezockt hatten. Das macht die Angelegenheit zu einem der größten Betrugsfälle mit Umwelttechnologie in der Bundesrepublik. Allein 20 Millionen davon hat man in nur drei Wochen nach der großen Gala eingesammelt. Und davon haben sich allein die Vertriebsmitarbeiter wiederum ein Fünftel in die Taschen gesteckt. Das nur als Hinweis, falls Sie angesichts solcher Zahlen auch mal mit dem Gedanken spielen sollten, in den Handel mit Luftnummern einzusteigen.

Anders als die Führungsebene von GFE wurden übrigens nicht alle Vertriebler verknackt, und viele durften ihre Provision behalten. Es lohnt sich also. Man muss allerdings schon sehr dreist sein: Bei der Gala wedelten GFE-Abzocker mit einem TÜV-Zertifikat in der Hand, das angeblich die Wirkung des Wundermotors nachweisen sollte. In Wirklichkeit hat der TÜV Tschechien nur die eingekaufte Menge an Rapsöl über einen gewissen Zeitraum bestätigt.

Wer heute noch an eine Verschwörungstheorie glaubt, sollte sich mal das Vorstrafenregister der beteiligten früheren GFE-Manager und weiterer hochrangiger Mitarbeiter anschauen. In deren Biografien wimmelt es nur so von Urkundenfälschungen, Betrugsdelikten und verschleppten Insolvenzen. Was die besonders gut schleppen konnten, waren Geldsäcke – und zwar in die Schweiz zur Muttergesellschaft.

Übrigens sind die kriminellen Herrschaften mit ihrem inkriminierten Containerkonstrukt zu drei bis neun Jahren Haft verurteilt worden. Passen Sie also auf, liebe Leser. Wenn Sie das hier lesen, sind die womöglich schon wieder raus aus dem Knast, und werden sicher wieder was Tolles aushecken.

Kummerhappen statt Hummerkrabben

Früher war alles besser, zumindest das Essen für Ärzte auf Einladung der Pharmafirmen. Die schönsten und teuersten Restaurants der Republik konnte ich dank Auftritten bei Ärzteveranstaltungen kennenlernen. Eingeladen waren damals meist Mediziner der Kategorie A, also Vielverschreiber der angepriesenen Arzneimittel. Zechen statt Zetern und Klotzen statt Kleckern war die Devise der Spesenritter unter den Pharmareferenten. Teilweise waren seitens der Arzneimittelhersteller sogar Mindestumsätze bei Essenseinladungen erwünscht; die Ärzte durften nicht zu billig abgespeist werden. Dass das unnötig viel kostete, war Wurst! Hatte ein umgarnter Kardiologe bloß Bock auf Currywurst, musste er sich trotzdem ein Herz fassen und zum Edelitaliener schleppen lassen. Auf Pharmakosten sollte man nur Schinken aus Parma kosten!

Na, tolle Wurst – damit ist jetzt Schluss! Die Pharmaindustrie kam einer befürchteten harten Compliance-Regelung der EU zuvor und hat sich selbst einen Codex auferlegt, der alles verbietet, das nach Bestechungsversuch riecht. Anfangs hat das keinem gestunken, weil es keiner so richtig ernst genommen hat. Ich wurde weiterhin als Kabarettist gebucht, nur bat man mich, auf meine Rechnungen statt »Auftritt« lieber »Kommunikationsberatung« zu schreiben. Man kann ja nie wissen, wie streng kontrolliert wird. Und dann kam es hart auf hart: Hauseigene Justitiare haben ihre eigenen Mitarbeiter zu Strafzahlungen in Höhe von teils mehreren Monatsgehältern verdonnert, weil die im Sinne des Unternehmens Ärzten einen schönen Abend bereiten wollten.

Mittlerweile kann man als Arzt beim Besuch eines Pharma-Vortrags nicht mehr zwischen Sterneküche und Sushibufett wählen, sondern zwischen Salami- oder Käsebrötchen. Doch was hat es gebracht? Nix! Der Versuch der Gesundheitspolitiker Europas, der Pharma-Abzocke einen Riegel vorzuschieben, hat nicht gefruchtet. Der Anteil der Arzneimittelkosten im Gesamtbudget der Krankenkassen hat sich null verändert. Geändert hat sich nur, dass es statt Events mit Hummerkrabben nur noch Fortbildungsveranstaltungen mit Kummerhappen gibt. Die Ausgaben für Pillen, Zäpfchen und Salben blieben konstant auf etwa einem Sechstel der Gesamtgesundheitskosten oder, wie es wenig salbungsvoll heißt: Die Ausgaben seien »total normal«. Zumindest steht das so auf der Webseite »Pharma-Fakten – Eine Initiative von Arzneimittelherstellern in Deutschland«.

Jetzt lecken sich also nicht mehr Ärzte, sondern Agenturen die Finger nach Pharma- Veranstaltungen – zumindest jene, die deren Durchführung anbieten. Denn aus Compliance-Gründen darf das eine Pharmafirma heute auch nicht mehr selber machen. Besagte Agenturen sind meist spezialisierte *Event*-Agenturen. *Event*-uell bringt es ja auch was, zumindest zusätzlichen Umsatz. Verteuert hat es die Veranstaltungen allemal. Denn neben den eigentlichen Kosten verlangt die Agentur noch eine umsatzabhängige »Handling Fee« sowie Service- und Verwaltungsgebühren plus Beratungshonorare. Unterm Strich kriegen also statt der Ärzte jetzt einfach die Agenturen mehr.

Und auch wenn es in Zukunft an der Trüffelbutter für

Canapés fehlen sollte, fehlt den Pharmafirmen nichts: Trotz Kodex, Nutzenbewertungsverfahren für Arzneimittelinnovationen und Rabattvereinbarungen kriegt man die Kosten für Pillen und Pülverchen nicht klein. Im Gegenteil, das Arzneimittelsegment wächst innerhalb der Gesundheitsausgaben jährlich munter um drei bis vier Prozent, und die Einnahmen bei den Pharmafirmen sprudeln. Na denn: Prost!

Produktivität und Prokrastination

Früher war es gar nicht so einfach, Meinungsforschung zu betreiben. Man brauchte gewiefte Interviewer, ausgefeilte Fragebögen und vor allem Leute, die Lust hatten, sich der langweiligen und oft langwierigen Fragentortur zu unterziehen. Meistens wurde man als Interviewer schon an der Haustür abgewiesen. Ich weiß das, weil ich selbst in meiner Studienzeit als solcher gearbeitet habe.

Am schwersten war es natürlich, an Arbeitnehmer heranzukommen, womöglich noch am Tatort, also am Ort des Geschehens gewerblicher Geschäftigkeit. Der Arbeitsplatz war tabu. Welcher Arbeitgeber gestattet schon, dass man seine Lohnempfänger vom Arbeiten abhält? Heute läuft das anders, und der Arbeitgeber kriegt davon gar nichts mit. Dafür gibt es kurzweilige Apps, die Spaß machen und bei denen man gar nicht merkt, dass man an einer Umfrage teilnimmt. Beziehungsweise doch, wenn es einen denn interessieren würde. Denn der Clou an jeder gegebenen Antwort ist, dass man immer sofort angezeigt bekommt, wie alle anderen Teilnehmer auf diese Frage geantwortet haben. Umfragen dieser Art werden daher so gut wie nie abgebrochen. Man braucht den Befragten nicht einmal eine Aufwandsentschädigung anzubieten oder sie mit aufwändigen Gewinnspielen zu locken. Nach dem kostenlosen Download einer App stehen unzählige Fragen zur Verfügung, die man per Fingerdruck beantwortet. Das ist amüsanter Zeitvertreib genug, da braucht man keine pekuniären Anreize. Themen aus Politik, Wirtschaft, Unterhaltung, Sport und Spaß stehen zur Auswahl. Mit einem Wisch nach links geht's zur nächsten Frage. Durchschnittlich beantwortet ein Nutzer 1000 Fragen, und das Schönste: Das machen die Leute auch gern am Arbeitsplatz oder während der Toiletten-, Zigaretten- oder Mittagspause.

Dank dieser innovativen Start-up-Idee hat man mittlerweile eine repräsentative Studie mit 1215 Deutschen im Alter zwischen 16 und 44 Jahren zum Thema Produktivität am Arbeitsplatz vorliegen. Ergebnis dieser Umfrage: 35 Prozent der Befragten sind zeitweise nicht produktiv bei ihrer Arbeit. Ein gutes Drittel der Befragten scheint also reflektiert zu haben, was sie da gerade tun, und zu dem Schluss gekommen zu sein, dass das nicht wertschöpfend für die Firma ist. Trotz des Zeitvertreibs mit den App-Spielchen während der Arbeitszeit halten sich 65 Prozent für produktiv, zumindest während der übrigen Zeit. Das sind die, die davon ausgehen, dass nach der kleinen Ablenkung sofort wieder fleißig gearbeitet wird. Das Ende der Fahnenstange haben die erreicht, die sich endloser Prokrastination hingeben – also jene fünf Prozent, die angaben, sie seien so gut wie nie produktiv an ihrem Arbeitsplatz. Unter denjenigen, die über 40 Stunden in der Woche arbeiten, sind sogar neun Prozent selten oder nie produktiv.

Ein Mangel an reumütiger Reflexion scheint bei den Unproduktiven aber nicht vorzuliegen. Immerhin geben die meisten als Grund für die Arbeitsablenkung ihre ständige Smartphone-Nutzung oder Social-Media-Aktivität an, gefolgt von Gesprächen mit Kollegen. Es kann einem aber auch die Lust am Arbeiten verleiden, wenn man zu lange darauf warten muss, bis einem einer sagt, was eigentlich zu tun sei. Lange Entscheidungswege und langsame Technologien werden deswegen ebenfalls oft genannt. Noch größere Schuld schiebt man der Arbeitsvorbereitung beziehungsweise der schwachsinnigen Vorgabe in die Schuhe, wie Aufgaben überhaupt erledigt werden sollen. Ineffiziente Prozesse sind deshalb die meistgenannte Antwort. Es liegt also meist am Vorgesetzten. Tatsächlich gibt mehr als die Hälfte der Befragten an, dass schlechtes Management sie vom produktiven Arbeiten abhalte. Klar, dass man dann in Stress geraten und überfordert sein kann, wenn man weder klar definierte Ziele benannt bekommt, noch weiß, was von einem erwartet wird. Tatsächlich fühlt sich ein Fünftel aller Befragten überfordert – nicht mit den Fragen, sondern mit der Arbeit, die auf sie wartet. Bei Arbeitnehmern, die mehr als 40 Stunden pro Woche arbeiten, ist dieses Gefühl noch ausgeprägter. Ein Siebtel beschwert sich sogar über fehlende Autorität, also darüber, das keiner hinter ihnen steht und sie unmissverständlich auffordert, diese blöden Smartphone-Spielereien endlich sein zu lassen. Obwohl man sich dabei scheinbar auch nicht wirklich gern beobachten lässt. Das merkt man daran, dass die Arbeitszufriedenheit in Großraumbüros deutlich geringer ist als in kleineren Zimmern. Je weniger Mitarbeiter um einen herum hocken, umso unbeschwerter lässt es sich pupsen, popeln und Päuschen machen – zum Beispiel mit Smartphone-Apps.

Schlussbemerkung und schlüssige Scherzwertung: Humor hilft, Krisen zu meistern

Spätestens, wenn es der Wirtschaft schlecht geht, Aufträge ausbleiben und Arbeitsplätze bedroht sind, ist Schluss mit lustig. Humor scheint in Krisen keine Konjunktur zu haben. Dabei ist Lachen ein probates und preiswertes Mittel, Mitarbeiter zu motivieren und Kunden zu gewinnen. Klar, dass einem in einer Katerstimmung Kalauer komisch vorkommen – oder gerade nicht.

Sollte man aber ernsthaft Depression als Durchhalteparole ausgeben und Trübsalblasen als Therapie verordnen? Ganz im Gegenteil. Wie hat Ludwig Erhard nach dem Krieg das Wirtschaftswunder angekurbelt? Mit augenzwinkernder Schlitzohrigkeit: »Ein Kompromiss, das ist die Kunst, einen Kuchen so zu teilen, dass jeder meint, er habe das größte Stück bekommen.« Und die Rosinen im Kuchen, oder besser noch: Würze, die entschärft, das ist Humor. Man sollte in Krisen den Kopf nicht hängen lassen, und bevor man ihn sich gar zerbricht, das Gesündeste nicht aus den Augen verlieren: das Lachen. Denn ein lachendes Gesicht fördert spontan die Interaktion und Kommunikation. Humor verringert die Distanz zwischen Hierarchien, indem er alles ein wenig relativiert und somit ein gesundes psychisches Klima schafft. Humor ist in hervorragender Weise geeignet, unangenehme Themen erträglich zu machen. Solange noch gelacht wird, ist ein Grundkonsens herstellbar. Im Lachen werden positive zwischenmenschliche Signale gesetzt, die Herzlichkeit, Teamgeist, Kreativität und Motivation fördern. Es bedeutet: Hier ist Geborgenheit, hier werden deine Bedürfnisse wahrgenommen.

Wenn Menschen regelmäßig und unbeschwert miteinander lachen, erleben sie die vielen Herausforderungen ihrer Arbeit als etwas, das gemeinsam gemeistert werden kann. Die durch das Lachen verursachte Ausschüttung an Glückshormonen ist der Grund, weshalb wir uns nach dem Lachen rundum wohlfühlen. Dieser Wohlfühl-Effekt kann genutzt werden, um nicht nur individuelle Spannungen, sondern auch Disharmonien in Gruppen sowie Konkurrenzdruck abzubauen und Prozesse gruppendynamisch zielgerichtet positiv zu beschleunigen.

Lachforscher, sogenannte Gelotologen, haben nachgewiesen, dass während des Lachens die Produktion des Stresshormons Adrenalin im Körper gestoppt und stattdessen Morphine, die Glückshormone, produziert werden. Lachen stimuliert und stärkt das Immunsystem. Zehn Minuten Lachen ist so entspannend wie eine Dreiviertelstunde autogenes Training. Dabei wirkt sich schon ein Lächeln positiv auf die Hirnaktivität aus – und auf Kollegen, die man auf dem Gang trifft, erst recht. Vor allem zwischen »verfeindeten« Abteilungen wirkt Humor wie Magie: »Magie die oder mag i' die net?«, hat man sich ja bislang schon gefragt. Jetzt kann man auch noch Zähne zeigen. Lachen ist ein Gesundbrunnen, Griesgräme hingegen machen einen krank. Aber Vorsicht: Nicht immer, wenn man Zähne sieht, darf man das für ein Lachen halten. Oft steckt einfach nur Verbissenheit dahinter.

Insofern darf es auch nicht überraschen, dass man mit

der Idee, den Lachverstand herauszukitzeln, bei vielen Firmen Skepsis erntet. Zwar wird Humor als Charaktereigenschaft geschätzt. Dass jedoch systematisch Maßnahmen ergriffen werden, um Lachen am Arbeitsplatz zu fördern, ist eher die Ausnahme. Meine Auswertung von Stellenanzeigen, Qualitätshandbüchern, Arbeitszeugnissen und Werbeunterlagen zeigt, dass Humor nur einen sehr geringen Stellenwert in der deutschen Wirtschaft hat. Lieber verscherzt man es sich, indem man mit zu großem Ernst an die Arbeit geht.

Man muss sich ja nicht gleich Pappnasen aufsetzen. Vielmehr geht es um winzige witzige und wirkungsvolle Stellschrauben, angefangen beim Führungsverhalten bis hin zur individuellen Gestaltung des Arbeitsplatzes, die gewinnbringendes Lachen verursachen, und siehe da: Humor kann zur Erreichung von Unternehmenszielen erfolgreich eingesetzt werden. Stattdessen sieht man leider oft, wie Mitarbeitende unter der unpersönlichen und intransparenten Abwicklung von Prozessen leiden. Und wenn schon die Menge an Arbeit nicht mehr zu schultern ist, hilft es auch nichts mehr, sich kaputtzulachen.

Anders als für so manches Managementmodell, das im Trend liegt, gibt es für den Humor im Businessbereich eine langfristige Perspektive: Der Witz überlebt auch schlechte Zeiten. Humor ist gerade für schwierige Situationen ein wirkungsvolles Ventil, um Frust abzubauen sowie Schwachpunkte oder Fehler aufzudecken und zu kommunizieren. »Das ist doch wohl ein Witz!«, wird man sich wohl also auch in Zukunft am Arbeitsplatz denken. Nach und nach setzt sich die Erkenntnis durch, dass das postindustrielle Zeitalter andere Werte braucht, als sie zum Aufbau einer Industrienation nötig waren – also nicht nur Fleiß und Anstrengung, sondern Flexibilität und Anpassung. Enthusiasmus, Empathie und Risikobereitschaft statt der Befolgung simpler Arbeitsanweisungen sind in einer Dienstleistungsgesellschaft gefragt.

Das Humankapital eines Unternehmens ist somit einer der entscheidenden Faktoren für anhaltenden Erfolg. Viele Unternehmen klagen aber darüber, dass ihre Mitarbeiter zu wenig motiviert sind! Laut einer Gallup-Studie haben gerade einmal 12 Prozent aller Deutschen Spaß an ihrem Job. 70 Prozent tun nur das Nötigste, und 18 Prozent haben innerlich bereits gekündigt. Gleichzeitig ist längst auch erwiesen: Je wohler sich ein Mitarbeiter im Unternehmen fühlt, je mehr Freude er hat, desto leistungsfähiger ist er. Mehr denn je suchen Mitarbeiter ja gerade nach Identifikationspotenzialen. Sie möchten stolz auf ihr Unternehmen sein, dann identifizieren sie sich auch mit ihrer Arbeit.

Ob es Mitarbeiter sind, Kunden oder die Presse: Sie alle werden durch ein positives Image angezogen. Je freundlicher das Bild ist, das man nach außen hin bietet, umso stärker wird diese Anziehungskraft sein. Und hier kommt dem Humor eine tragende Rolle zu. Humor gilt nicht nur beim Individuum als attraktiv und anziehend, sondern auch als Attribut einer Unternehmenskultur. Allein aus Gründen der Effizienz und Nachhaltigkeit müsste mehr gewitzelt werden. Denn Humor fördert Erkenntnis und Einsicht und initiiert Verhaltensänderungen. Ein guter Witz beinhaltet eine Art Mnemotechnik: Ausgerechnet das Außergewöhnliche prägt sich dem Gedächtnis ein. Das Besondere am Humor: Die Pointe muss geknackt werden. Man freut sich über die eigene Intelligenz, den Witz verstanden zu haben. Dieses Lachen als pure positive Energie fördert die bewusste Auseinandersetzung mit dem Inhalt. Leider reden Manager aber lieber langatmig statt kurzweilig und salbungsvoll statt satirisch. Trotz allem glaube ich nicht, dass man uns Lachenden in allen Firmen mit größtem Vergnügen begegnet. Lassen wir also die Kirche im Dorf, die Katze im Sack und dem Pudel seinen Kern: Es ist eine Binsenweisheit, dass nicht überall mit gleicher Selbstverständlichkeit und Häufigkeit gelacht wird. Es gibt Firmen, in denen öffentliches Lachen verpönt ist. Wo Hierarchien existieren, unterliegt das Lachen der gesellschaftlichen Disziplinierung. Genau darin liegt das Hemmnis für die Entfaltung von mehr Humor. Das Egalisierende des Lachens durchbricht Ehrfurcht und Untertänigkeit. Das Lachen des Untergebenen wird vom Vorgesetzten als respektlos empfunden, was ihn zu der Befürchtung veranlasst, an Autorität zu verlieren. Ungeniertes Lachen können sich nur die leisten, die keinen Statusverlust fürchten müssen oder so hoch stehen, dass sie vor niemandem das Gesicht verlieren können.

Trotz vieler unbestreitbarer Vorteile, die für ein humorvolleres Miteinander im Geschäftsleben sprechen, scheint es also auch unvereinbare Gegensätze zwischen Erheiterndem und Erwerb zu geben. Humor greift Regeln an und gibt Normen der Lächerlichkeit preis. Komisch zu sein heißt manchmal auch, schamlos, taktlos, rücksichtslos zu sein. Oder, wie der amerikanische Komiker Mel Brooks sagt: »Geht es um Komik, kriegt jeder was ab.«

Passen Sie also auf, was Sie abbekommen. Geht Ihnen, liebe Lesende, bei der Arbeit mal etwas gehörig auf den Sack, sollten Sie dafür sorgen, dass es am besten ein Lachsack ist. Dieser Scherzartikel erfreut sich seit Jahrzehnten größter Beliebtheit. Er wurde 1968 von Walter Thiele zum Patent angemeldet und seitdem über 120 Millionen Mal verkauft. Für die Aufnahme des Gelächters veranstaltete Thiele einen Wettbewerb mit Kandidaten, die besonders ansteckend lachen konnten. Sieger war ein Finanzbeamter aus meiner Heimatstadt Nürnberg. Wenn selbst ein fränkisches Finanzamt nicht dafür sorgen kann, dass hauseigenen Beamten das Lachen im Halse stecken bleibt, sollte Ihnen das Mut machen, auch in Ihrem Betrieb für mehr Lachverstand und Heiterkeit zu sorgen. Wäre doch ein Witz, wenn uns das nicht gelänge. Viel Spaß dabei!

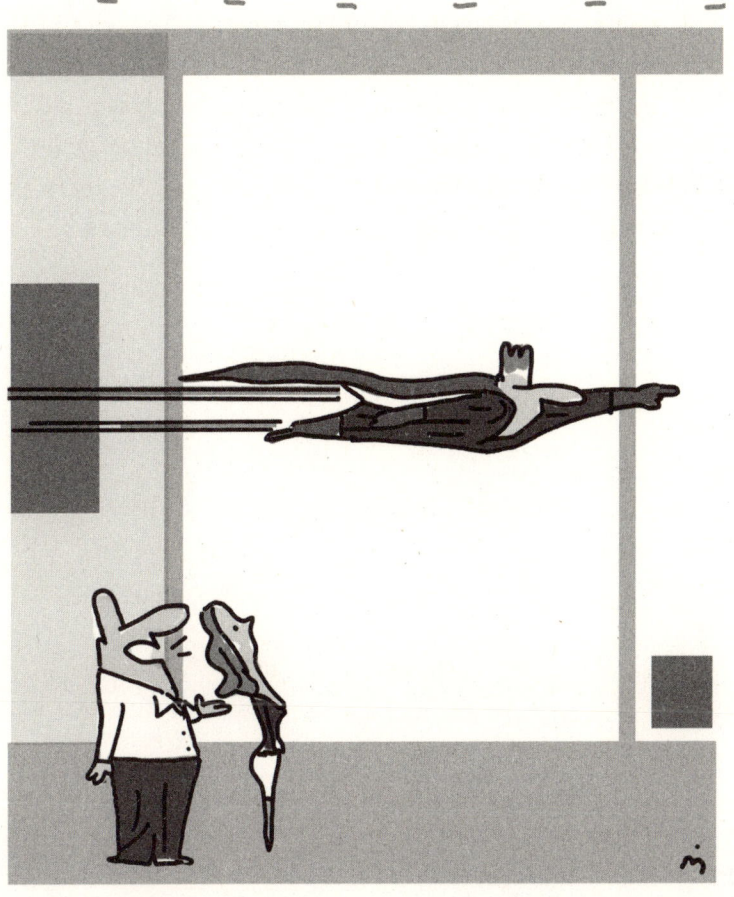

Natürlich ist er Superman.
Aber wie oft musste ich auf
ihn einreden, bis er seine
Rolle annahm.

Quälende Quellen und Links bezüglich Rechthabereien

Ein-Schätzung: »Die Arbeit ist etwas Unnatürliches.« (Anatole France)

M. Delius: »Die Deutschen nerven mit ihrer Rechthaberei«, in: welt.de, URL: https://www.welt.de/kultur/literarische-welt/article10587561/Die-Deutschen-nerven-mit-ihrer-Rechthaberei.html (veröffentlicht am 01.11.2010).

Unterlassene Lobesleistung

Badura/Ducki/Meyer/Schröder (Hrsg.): Fehlzeiten-Report 2022, Schwerpunkt: Verantwortung und Gesundheit. Springer-Verlag, Berlin 2022.

Dumm führt gut?

Laurence J. Peter & Raymond Hull: Das Peter-Prinzip oder Die Hierarchie der Unfähigen. Rowohlt, Reinbek bei Hamburg 2012 (13. Auflage).

Balance Bullshit

Karl Marx: Ökonomisch-philosophische Manuskripte. Felix Meiner Verlag, Hamburg 2008, S. 57.

Many mails a day keep the To-dos away

L. Rabe: Prognose zur Anzahl der täglich versendeten und empfangenen E-Mails weltweit bis 2026. In: de.statista.com,

URL: https://de.statista.com/statistik/daten/studie/252278/
umfrage/prognose-zur-zahl-der-taeglich-versendeter-e-
mails-weltweit (veröffentlicht am 01.12.2022).

Zu Hause arbeiten:
Home? O, fies!

Karl Brenke: Home Office: Möglichkeiten werden bei weitem
nicht ausgeschöpft. in: diw.de,
URL: https://www.diw.de/documents/publikationen/73/diw_
01.c.526038.de/16-5-1.pdf

Warum Whistleblower die Wissensweitergabe
lieber abblasen sollten

Ethics & Compliance Initiative (Hrsg.): The State of Ethics &
Compliance in the Workplace: A Look at Global Trends,
in: Global Business Ethics Survey, URL: https://www.et-
hics.org/global-business-ethics-survey/ (abgerufen am
13.03.2023)

Compliance macht es komplizierter

o. A. Die EY Global Fraud Survey: Wie Compliance effektiver
werden kann, in: URL: https://www.ey.com/de_de/assu-
rance/the-global-fraud-survey-how-compliance-can-be-
more-effective (veröffentlicht am 2.7.2018)
Bayerisches Landeskriminalamt: 15. November 2006 – Mil-
liardenschwerer Schmiergeldskandal bei Siemens, in:
polizei.bayern.de
URL: https://www.polizei.bayern.de/wir-ueber-uns/geschich-
te/003211/index.html (Veröfflicht am 31.08.2021).

Dick im Geschäft

G. Meck, B. Weiguny: Fitnesskult in der Wirtschaft – Nicht ohne meinen Personal Trainer, in: faz.net, URL: https://www.faz.net/aktuell/wirtschaft/unternehmen/fitnes-kult-jeder-top-manager-braucht-personal-trainer-13511224.html (aktualisiert am 05.04.2015).

Da können Sie Gift drauf nehmen

E. Scherbaum, N. Korte: Das »AUS« beschlossen: In der EU ist das Insektizid Chlorpyrifos nicht mehr zugelassen – Ein Bericht aus unserem Laboralltag, in: ua-bw.de, URL: https://www.ua-bw.de/pubmobil/beitrag.asp?subid=1&Thema_ID=5&ID=3127 (veröffentlicht am 17.02.2020)

Agil, fragil, fragwürdig

M. Alberts: Agilität in deutschen Unternehmen – Es gibt noch Luft nach oben, in: greatplacetowork.de, URL: https://www.greatplacetowork.de/events-and-great-blog/blog/agilitaet-in-deutschen-unternehmen-es-gibt-noch-luft-nach-oben/ (veröffentlicht am 07.02.2018).

o. A.: Wie agil sind deutsche Unternehmen wirklich?, in:. bildungsspiegel.de/, URL: https://www.bildungsspiegel.de/news/personalfueh-rung-planung-entwicklung/1884-wie-agil-sind-deutsche-unternehmen-wirklich (veröffentlicht am 25.10.2017).

Berater, die grauen(haften) Eminenzen

A. Krämer: OpinionTRAIN (2020) »Unternehmensberater in der Krise«. exeo Strategic Consulting AG Rogator AG Bonn, 2020.

Chefchen ins Trockene bringen

Deutscher Industrie- und Handelskammertag e. V.: (Hrsg.)
DIHK-Report zur Unternehmensnachfolge 2022, Berlin 2022.

Denglisch klingt's schöner

C. Stark, A. Reinbothe, H. Geißler: Claimstudie – Werbesprüche aus Sicht der Konsumenten. Köln 2016.

Bunkern, was das Budget hergibt

o. A.: Fallstudie: Stadt Zweibrücken modernisiert Gerätepark und senkt Kosten fürs Output-Management um 28 Prozent. ohne Jahr, Expense Reduction Analysts (DACH) GmbH, Wiesbaden, in: URL: https://de.expensereduction. com/case-studies/

Produktivität und Prokrastination

o. A.: Produktivität am Arbeitsplatz: 35 % sind zeitweise oder gar nicht produktiv, in: appinio.com,
URL: https://www.appinio.com/de/blog/insights/produktivität-am-arbeitsplatz (abgerufen am 13.03.2023)

Schlussbewertung und schlüssige Scherzwertung: Humor hilft, Krisen zu meistern

O. Tissot: Gewinnbringendes Lachen – Humor als Humanfaktor zur Erreichung von Unternehmenszielen. Erlangen 2008.
URL: https://opus4.kobv.de/opus4-fau/frontdoor/index/index/docId/841

Der Autor

Oliver Tissot, geboren 1963 in Nürnberg, studierte Kommunikations-Design und Soziologie. Nach dem Design-Diplom, dem Ideenmanager-Diplom und einer Soziologie-Magisterarbeit schrieb er seine Doktorarbeit über Humor in Zeiten der Wirtschaftskrise. Heute bilden seine humoristischen Zusammenfassungen landauf, landab den krönenden Ab-

schluss zahlloser Firmenevents. Auch in den Medien tritt Oliver Tissot als Kabarettist auf. Außerdem hält er Seminare über Kreativität ab, obwohl er immer noch in Franken lebt.

Der Illustrator

Dirk Meissner lebt und arbeitet als freier Cartoonist in Köln. Seit 2006 werden seine Cartoons in der Süddeutschen Zeitung abgedruckt. Meissner wurde mehrfach ausgezeichnet, unter anderem mit dem 2. Platz beim Deutschen Karikaturenpreis 2009.

Das Leben ist keine To-Do-Liste

Dieses Buch wird die Welt der auserwählten Spezies der Führungskräfte auf den Kopf stellen. Denn McKinsey & Co. haben ihre Effizienzrechnung und Erfolgsrezepte ohne den Menschen gemacht. Wäre Moses mit zehn Excelcharts vom Berg Sinai gekommen, wäre die Geschichte der Menschheit anders verlaufen. Wer seinen Lebenspartner kurz vor Weihnachten zum Jahresgespräch inklusive Zielvereinbarung bittet, wird den Unterschied zwischen Theorie und Praxis am eigenen Leib spüren. Eine unterhaltsame, erkenntnisreiche Reise durch die hoch gestapelte Irrwelt des Managements mit einem versöhnlichen Ende. Denn es gibt Licht am Ende des Optimierungstunnels, wenn es aus Budgetgründen nicht vorher ausgeschaltet wird.

Frank Dopheide

Gott ist ein Kreativer – kein Controller

Über das Leben außerhalb der Effizienzfalle oder warum wir mit unserem Lebenspartner kein Jahresgespräch führen sollten

Hardcover
Auch als E-Book erhältlich
www.ullstein.de

Econ

Ein guter Chef ist eine Ausnahme

Ein Drittel der 45 Millionen lohnabhängig Beschäftigten leidet täglich unter den geistigen Störungen ihrer Chefs. Vor allem Psychopathen verbreiten mit ihren Allmachtsfantasien Angst und Schrecken. Doch sie sind nicht die einzigen, die eher auf die Couch eines Therapeuten gehören als auf den Chefsessel. Jürgen Hesse und Hans Christian Schrader berichten u.a. von Willkürherrschern, Mobbern, Hysterikern, Narzissten und Intriganten, deren Empathie mit jeder Hierarchiestufe abnimmt und deren Präsenz doch der Normalfall zu sein scheint. Eine Chef-Typologie hilft, den eigenen Chef zu analysieren, um bereits erfolgreich erprobte Handlungsstrategien anwenden zu können.

Jürgen Hesse und Hans Christian Schrader
Mein Chef ist irre – Ihrer auch?
Warum Psychopathen Führungskräfte
werden und wie Sie das überleben

Klappenbroschur
Auch als E-Book erhältlich
www.ullstein.de

Econ